热带海洋牧场旅游碳汇研究

王凤霞　郑　伟　著

科学出版社
北　京

内 容 简 介

本书结合碳达峰与碳中和的战略背景，针对热带海洋牧场独特的旅游吸引力，梳理现有的陆地碳汇与海洋碳汇的理论及方法，对热带海洋牧场旅游碳汇的机制原理及碳汇能力进行系统性总结。主要内容包括热带海洋牧场旅游碳汇的研究进展、评价指标体系构建、数据处理流程、机制原理解析、碳汇能力量化以及扩增建议。

本书可作为海洋学、地理学、旅游学、生态学等相关学科的扩展读物，也可供对海洋牧场、旅游碳汇等方向感兴趣的读者阅读。

图书在版编目（CIP）数据

热带海洋牧场旅游碳汇研究 / 王凤霞，郑伟著. —北京：科学出版社，2022.5

ISBN 978-7-03-072293-5

Ⅰ. ①热… Ⅱ. ①王… ②郑… Ⅲ. ①热带-海洋农牧场-旅游业-二氧化碳-资源管理-研究 Ⅳ. ①S953.2 ②F59 ③X511

中国版本图书馆 CIP 数据核字（2022）第 086986 号

责任编辑：郭勇斌 彭婧煜 杨路诗 / 责任校对：杜子昂

责任印制：张 伟 / 封面设计：刘 静

科 学 出 版 社 出版

北京东黄城根北街 16 号

邮政编码：100717

http://www.sciencep.com

北京中石油彩色印刷有限责任公司 印刷

科学出版社发行 各地新华书店经销

*

2022 年 5 月第 一 版 开本：720×1000 1/16

2022 年 5 月第一次印刷 印张：9

字数：157 000

定价：75.00 元

（如有印装质量问题，我社负责调换）

前　言

全球气候变暖是目前人类面临的最为严峻的环境问题之一，通过《京都议定书》《巴黎协定》以及设定碳达峰、碳中和（简称“双碳”）目标均是国际社会为减缓全球变暖所采取的实际行动。2020 年，中国国家主席习近平在第七十五届联合国大会上提出“中国将提高国家自主贡献力度，采取更加有力的政策和措施，二氧化碳排放力争于 2030 年前达到峰值，努力争取 2060 年前实现碳中和”。2021 年，“双碳”目标先后被写入《2021 年国务院政府工作报告》和《中华人民共和国国民经济和社会发展第十四个五年规划和 2035 年远景目标纲要》。这是党中央经过深思熟虑作出的重大战略决策，是顺应全球低碳发展的大势，是推动中国经济走向高质量发展道路并实现可持续发展的必然选择，更是践行人类命运共同体理念的战略之举。长期以来，旅游业常被视为资源节约型和环境友好型产业，具有低能耗、低污染、低排放的产业特征。然而，作为全球最大且增长最快的经济产业之一，旅游业的快速成长亦消耗大量能源，其直接或间接产生的二氧化碳对气候变化等生态环境问题的影响已不容忽视。据研究表明，旅游业相关温室气体排放已占全球温室气体排放总量的 8%。全球气候变暖的严峻形势要求旅游业作出积极响应。因此，低碳旅游是当今旅游高质量发展的必由之路，旅游发展的行政主体、市场主体和消费主体要将生态文明和绿色发展理念贯彻到旅游活动的各环节、旅游产业的各要素中，践行“绿水青山就是金山银山”的理念，减少旅游全过程二氧化碳的排放。

2021 年印发的《海南自由贸易港建设白皮书（2021）》中强调“构建旅游业、现代服务业、高新技术产业和热带特色高效农业、制造业为支撑的‘3+1+1’现代产业体系”，多种政策红利促进海南省旅游高质量的发展。旅游业历年来是海南省的支柱产业，海南省自然资源丰富，适宜推动旅游与文化体育、健康医疗、养老养生等深度融合，坚持生态优先、绿色发展。海南是国内较早提出要提前实现“双碳”目标的省（市）之一。早在 2018 年，《海南省“十三五”控制温室气体排放工作方案》就明确提出要推动全省率先达峰，并支持海口、三亚率先达峰。2021 年，在政府工作报告中，海南再次提出要在“十四五”

期间提前实现碳达峰，同年 7 月发布的《海南省“十四五”生态环境保护规划》，也包含碳达峰有关内容。保护生态环境，发展低碳旅游，既是保障自由贸易港建设的生态屏障，又能顺应“双碳”目标的国家战略。

由于陆地范围的局限性，碳汇增加的重点逐步从绿色碳汇向蓝色碳汇发展。盐沼、海草床、红树林是世界公认的三大海岸带蓝碳生态系统，具有固碳量巨大、固碳效率高、碳存储周期长的特点。海洋占据了地球表面积的 71%，海洋中有着丰富的资源，随着陆地资源的过度开发，各国纷纷转战海洋。早期社会人类直接从自然环境中获取所需物质资料，但随着过度开发，造成环境破坏、资源匮竭，生态环境，特别是海洋环境逐步得到人类重视，从而促进了海洋牧场的发展。海洋牧场最早起源于美国、日本的栽培渔业，随着栽培技术发展成熟，各国纷纷出台相关政策推进海洋牧场的发展。中国提出“海洋强国”的战略，海洋牧场建设，正逐步向深海海洋牧场发展。

在庆祝海南建省办经济特区 30 周年大会上，中共中央总书记、国家主席、中央军委主席习近平出席大会并发表重要讲话，其中明确提出“支持海南建设现代化海洋牧场”。中国最初建设海洋牧场主要是为了增加渔业资源的产量，提升生态环境功能。随着碳汇概念的提出，逐渐开始了海洋及海洋牧场蓝色碳汇方面的研究。目前研究的海洋碳汇主要来源有海草、贝藻类、鱼类及鱼礁本身等方面。由于海南省特殊的地理区位，海南热带海洋牧场的建设除了最初的增加渔业资源、提升海洋生态环境条件外，还可以开展比北方海洋牧场更多的海洋旅游方面的活动。基于旅游、碳汇、海洋牧场等概念，本书创造性地提出了海洋牧场旅游碳汇的概念，是指基于投放的各种各种人工鱼礁营造出的良好生态环境所开发出的旅游产品，购买产品的旅游者、所涉及的行业或产业在旅游活动开展过程中增加二氧化碳吸收、减少二氧化碳排放的所有事物、行为及过程的综合。通过构建海洋牧场旅游碳汇评价指标体系、梳理数据来源及处理流程、剖析热带海洋牧场旅游碳汇机制，然后对其碳汇能力进行定量估算，最后提出相应的旅游碳汇扩增建议。

本书主要总结了国家重点研发计划（2019YFD0901301）、海南省社会科学界联合会［HNSK（YB）19-09］的项目成果，并得到以上 2 个项目经费支持。本书整体架构和主要内容由王凤霞完成，郑伟参与了整个写作和修改过程，最后由王凤霞统稿。其中，郑伟主要完成第二章和第七章的撰写工作，其他章节主要由王凤霞完成，文辉、蔡小雪、王一丁、葛颂、赵唐玉玥、任雪宁、夏雯欣在本书写作过程中收集了大量文献和资料，李屹和刘柳参与了部分书稿纠错工作，感谢以上同学的辛苦付出和大力支持！科学出版社编辑对书稿提出了很多建设性意见，在此一并表示衷心的感谢！

由于旅游碳汇，尤其海洋旅游碳汇、海洋牧场旅游碳汇是相对比较新的概念，同时由于作者水平和时间所限，书中不足之处在所难免，敬请读者批评指正！

王凤霞

2022 年 5 月

目　　录

第一章　绪　　论

一、热带海洋牧场旅游碳汇研究背景

（一）碳达峰、碳中和背景

为缓解全球气候变暖趋势，1997 年 12 月，149 个国家和地区的代表在日本京都通过了《京都议定书》，2005 年 2 月 16 日在全球正式生效，由此形成了国际“碳排放权交易制度”。旨在减少全球温室气体排放的《京都议定书》是一部限制世界各国温室气体排放量的国际法案，它规定，所有发达国家在 2008 年到 2012 年间的温室气体排放量必须比 1990 年削减 5.2%（宗述，2001）。2014 年 11 月 12 日，中国和美国签订了《中美气候变化联合声明》，并明确表示“中国计划 2030 年左右二氧化碳排放达到峰值且将努力早日达峰，并计划到 2030 年非化石能源占一次能源消费比重提高到 20%左右”[①]。2015 年 9 月 25 日，国家主席习近平在华盛顿同美国总统奥巴马再次发表关于气候变化的联合声明，并表示“中国正在大力推进生态文明建设，推动绿色低碳、气候适应型和可持续发展，加快制度创新，强化政策行动。中国到 2030 年单位国内生产总值二氧化碳排放将比 2005 年下降 60%～65%，森林蓄积量比 2005 年增加 45 亿 m^3 左右”[②]。2015 年 11 月 30 日，习近平主席参加气候变化巴黎大会开幕式并发表讲话，明确提出了碳达峰的目标——“中国在‘国家自主贡献’中提出将于 2030 年左右使二氧化碳排放达到峰值并争取尽早实现，2030 年单位国内生产总值二氧化碳排放比 2005 年下降 60%～65%，非化石能源占一次能源消费比重达到 20%左右，森林蓄积量比 2005 年增加 45 亿 m^3 左右。虽然需要付出艰苦的努力，但我们有信心和决心实现我们的承诺”[③]。2020 年 9 月 22 日，

---

① 资料来源：http://energy.people.com.cn/n/2014/1113/c71661-26012814.html.

② 资料来源：http://www.gov.cn/xinwen/2015-09/26/content_2939222.htm.

③ 资料来源：http://www.xinhuanet.com/world/2015-12/01/c_1117309642.htm.

习近平主席在第七十五届联合国大会一般性辩论上发表重要讲话，明确表明“应对气候变化《巴黎协定》代表了全球绿色低碳转型的大方向，是保护地球家园需要采取的最低限度行动，各国必须迈出决定性步伐。中国将提高国家自主贡献力度，采取更加有力的政策和措施，二氧化碳排放力争于 2030 年前达到峰值，努力争取 2060 年前实现碳中和”[①]，这也是中国首次提出碳中和的目标。自此以后，习近平主席多次在不同场合发表重要讲话，表明我国 2030 年前实现碳达峰、2060 年前实现碳中和的决心。同时，多次明确提出我国坚持“共同但有区别的责任原则”“承担与自身发展水平相称的国际责任”，推动落实《联合国气候变化框架公约》（United Nations Framework Convention on Climate Change，UNFCCC）以及《巴黎协定》，积极开展气候变化国际合作。2021 年 1 月 25 日晚，国家主席习近平在北京以视频方式应邀出席世界经济论坛“达沃斯议程”对话会，发表题为《让多边主义的火炬照亮人类前行之路》的特别致辞。习近平主席在致辞中强调，“中国将继续促进可持续发展。中国将全面落实联合国 2030 年可持续发展议程。中国将加强生态文明建设，加快调整优化产业结构、能源结构，倡导绿色低碳的生产生活方式。我已经宣布，中国力争于 2030 年前二氧化碳排放达到峰值、2060 年前实现碳中和。实现这个目标，中国需要付出极其艰巨的努力。我们认为，只要是对全人类有益的事情，中国就应该义不容辞地做，并且做好。中国正在制定行动方案并已开始采取具体措施，确保实现既定目标。中国这么做，是在用实际行动践行多边主义，为保护我们的共同家园、实现人类可持续发展作出贡献”[②]。据统计，这次讲话是习近平主席自 2020 年 9 月 22 日在第七十五届联合国大会一般性辩论上发表讲话以来，第七次在重大国际场合就“中国力争于 2030 年前二氧化碳排放达到峰值、2060 年前实现碳中和”发表重要讲话。2021 年 7 月 16 日，习近平主席在亚太经合组织领导人非正式会议上的讲话中再次重申，“地球是人类赖以生存的唯一家园。我们要坚持以人为本，让良好生态环境成为全球经济社会可持续发展的重要支撑，实现绿色增长。中方高度重视应对气候变化，将力争 2030 年前实现碳达峰、2060 年前实现碳中和。中方支持亚太经合组织开展可持续发展合作，完善环境产品降税清单，推动能源向高效、清洁、多元化发展”[③]。同日，全国碳排放权交易市场上线交易正式启动，建设全国碳市场是推动实现

① 资料来源：https://baijiahao.baidu.com/s?id=1678546728556033497&wfr=spider&for=pc.

② 资料来源：http://www.gov.cn/xinwen/2021-01/25/content_5582473.htm.

③ 资料来源：http://www.xinhuanet.com/politics/leaders/2021-07/16/c_1127663536.htm.

碳达峰目标与碳中和愿景的重要政策工具。2021 年 10 月 24 日，为深入贯彻落实党中央、国务院关于碳达峰、碳中和的重大战略决策，扎实推进碳达峰行动，国务院出台了《2030 年前碳达峰行动方案》（国发〔2021〕23 号），其要求“将碳达峰贯穿于经济社会发展全过程和各方面，重点实施能源绿色低碳转型行动、节能降碳增效行动、工业领域碳达峰行动、城乡建设碳达峰行动、交通运输绿色低碳行动、循环经济助力降碳行动、绿色低碳科技创新行动、碳汇能力巩固提升行动、绿色低碳全民行动、各地区梯次有序碳达峰行动等‘碳达峰十大行动’”①。海南是国内较早提出要提前实现“双碳”目标的省（市）之一。早在 2018 年，《海南省“十三五”控制温室气体排放工作方案》就明确提出要推动全省率先碳达峰，并支持海口、三亚率先碳达峰。2021 年，在政府工作报告中，海南再次提出要在“十四五”期间提前实现碳达峰，同年 7 月发布的《海南省“十四五”生态环境保护规划》，也包含碳达峰有关内容。根据海南省发展和改革委员会披露的信息显示，海南要力争在 2025 年前实现碳达峰、2050 年前实现碳中和。

实现 2030 年前二氧化碳排放达到峰值与 2060 年碳中和的愿景，一方面需要对我国目前碳汇类型进行梳理和测算，另一方面需要对各种碳汇类型可持续增汇方式进行研究和实践。目前研究较多的是陆地碳汇，如森林、草地、耕地等，海洋（蓝色）碳汇方面的研究较少，且不够深入。

（二）海洋强国发展背景

2018 年 4 月 13 日，在庆祝海南建省办经济特区 30 周年大会上，中共中央总书记、国家主席、中央军委主席习近平出席大会并发表重要讲话②，为海南未来发展指明了方向，在海洋方面，指出“我国是海洋大国，党中央作出了建设海洋强国的重大部署。海南是海洋大省，要坚定走人海和谐、合作共赢的发展道路，提高海洋资源开发能力，加快培育新兴海洋产业，支持海南建设现代化海洋牧场，着力推动海洋经济向质量效益型转变。要发展海洋科技，加强深海科学技术研究，推进‘智慧海洋’建设，把海南打造成海洋强省。要打造国家军民融合创新示范区，统筹海洋开发和海上维权，推进军地共商、科技共兴、设施共建、后勤共保，加快推进南海资源开发服务保障基地和海上救援基

① 资料来源：http://www.gov.cn/zhengce/content/2021-10/26/content_5644984.htm.

② 资料来源：https://baijiahao.baidu.com/s?id=1597654975466786982&wfr=spider&for=pc.

地建设，坚决守好祖国南大门”。在中共十九大报告[①]中，也有两个表述的变化与本书研究密切相关。其一，报告提出加快建设海洋强国，与十八大报告相比多了“加快”两字。所谓海洋强国，基本条件之一就是海洋经济要高度发达，在经济总量中的比重和对经济增长的贡献率较高，海洋开发、保护能力强。当前，蓝色正逐渐渗入中国经济的底色，中国经济形态和开放格局呈现出前所未有的“依海”特征，中国经济已是高度依赖海洋的开放型经济。据官方数据，中国海洋生产总值从 2006 年约 2 万亿元增加到 2016 年约 7 万亿元，但占 GDP 比重始终徘徊在 9%～10%左右。与不少发达经济体海洋经济占比往往高达 60%相比，中国海洋经济的发展还远远不够。要提高海洋及相关产业、临海经济对国民经济和社会发展的贡献率，努力使海洋经济成为推动国民经济发展的重要引擎，建设海洋强国是中国国内发展的需要。其二，十九大报告首次提出建设富强民主文明和谐美丽的社会主义现代化强国的目标，并正式写入绿水青山就是金山银山的理念，“美丽中国”一词在报告中三次出现，对生态环境保护可谓空前重视，这意味着生态文明建设已经上升为新时代中国特色社会主义的重要组成部分。十九大报告提出，中国社会主要矛盾已经转化为人民日益增长的美好生活需要和不平衡不充分的发展之间的矛盾。而中国当前“最突出的不平衡之一”就是经济发展和生态环境保护的不平衡，人口经济和资源环境的不平衡，以及人与自然的不平衡，因而需要摒弃高耗能、高污染生产和消费方式，中国将开启从工业文明向生态文明转型的新时代。[②]基于以上两点，中国将更加重视海洋生态环境保护。

（三）海洋牧场发展背景

海洋是人类获取优质蛋白的“蓝色粮仓”。近 40 年来，我国以海水养殖为重点的海洋渔业迅猛发展，养殖总产量自 1990 年以来一直稳居世界首位。与此同时，局部水域环境恶化、海产品品质下滑、养殖病害严重的问题日趋严峻，传统模式的海水养殖业已难以适应我国经济社会健康发展和海洋生态环境保护的要求，我国海洋渔业面临新一轮的产业升级，而海洋牧场则是重要发展方向之一。传统上认为，海洋牧场理念源于 20 世纪 70 年代的美国和日本，但在同一时期甚至更早，我国学者已对海洋牧场的理念和理论作出了原创性的贡献。迄今为止，学术界尚未对海洋牧场作出统一的定义，目前大家较为接受的

① 资料来源：http://cpc.people.com.cn/GB/n1/2017/1028/c64094-29613660.html.

② 资料来源：http://www.china.com.cn/19da/2017-10/20/content_41766550.htm.

定义为：基于海洋生态学原理和现代海洋工程技术，充分利用自然生产力，在特定海域科学培育和管理渔业资源而形成的人工渔场。开展海洋牧场建设，其一是为了提高某些经济品种的产量或整个海域的鱼类产量，以确保水产资源稳定和持续的增长；其二是在利用海洋资源的同时重点保护海洋生态系统，实现可持续的生态渔业（杨红生，2016；颜慧慧和王凤霞，2016；阙华勇等，2016；王凤霞和张珊，2018）。“绿水青山就是金山银山”，而失去了优美的生态环境意味着区域的经济社会可持续发展就将成为一句空话。海洋牧场已被证明在修复海洋生态环境、增加碳汇、改善水质、提高生物多样性等诸多方面具有非常显著的效果，可通过开展渔业增养殖、休闲渔业、海上旅游等项目提高海洋牧场的经济效益。

国外的海洋牧场建设起步较早，日本等渔业发达国家早在20世纪70年代就已经大规模开展海洋牧场建设。据联合国粮食及农业组织（Food and Agriculture Organization of the United Nations，FAO）统计，目前世界上已有64个沿海国家发展海洋牧场，资源增殖品种逾180个（潘澎，2016；李河，2015）。我国的海洋牧场建设起步于20世纪70年代，近十年来，顺应海洋渔业转型升级和海洋生态文明建设的需要，开始加速发展。党的十八大以来，中央更加重视生态文明建设，海洋牧场迎来发展的黄金期。2013年国务院对海洋渔业发展定位在“生态优先”，提出“发展海洋牧场”。2015年渔业油价补助政策改革落地，中央财政加大对海洋牧场建设的支持，农业部在全国组织开展国家级海洋牧场示范区创建。2015年10月，时任国务院副总理的汪洋同志在山东考察时就进一步加强海洋牧场建设作了重要讲话。2017年中央一号文件提出“发展现代化海洋牧场”的明确要求。在中央政策的带动下，地方各级政府和社会各方面建设海洋牧场的积极性空前提高，投入力度不断加大。目前全国建成国家级海洋牧场示范区153个、海洋牧场233个，用海面积超过850 km^2，投放鱼礁超过6094万 m^3·空[①]，海洋牧场建设初具规模。多年来，农业农村部高度重视海洋牧场建设，将其作为捕捞渔民转产转业、海洋生态文明建设、水生生物资源养护的重要手段加以扶持，从战略规划制定、示范区创建、资金扶持、科技支撑等方面大力推进海洋牧场的建设和管理。

海南省虽是全国海域面积最大的省，但在我国海洋经济中的地位仍然很弱。海南岛周围的吹填岛、规模化养殖、房地产及旅游开发对海岸带及海域的

① 空立方米是人工鱼礁的计量单位，指人工鱼礁外部轮廓包围的体积，简称 m^3·空。

污染非常大，生态环境遭到破坏（都晓岩等，2015；颜慧慧和王凤霞，2017）。2018年4月13日，在庆祝海南建省办经济特区30周年大会上，中共中央总书记、国家主席、中央军委主席习近平出席大会并发表重要讲话，明确提出“支持海南建设现代化海洋牧场”。自2015年农业部指导创建国家级海洋牧场示范区以来，全国从北到南共审批153个（2015年20个，2016年22个，2017年22个，2018年22个，2019年24个，2020年26个，2021年17个），海南省目前有4个。农业部《国家级海洋牧场示范区建设规划（2017—2025年）》中明确要求，截至2025年，规划共在南海区建设45个国家级海洋牧场示范区，为海南省建立国家级海洋牧场示范区提供了良好机会。

（四）旅游发展背景

20世纪50年代以来，旅游业经历了起步、发展、腾飞、低迷、复苏、成熟几个阶段，已经成为世界经济持续稳定发展的重要支柱产业。作为2008年金融危机后首个旅游业复苏地，亚太地区旅游发展势头强劲，成为世界旅游格局中的新巨头，其间中国旅游业发挥了举足轻重的作用（席婷婷，2017），全球旅游业呈现持续增长的良好发展趋势。但随着2020年新型冠状病毒肺炎（简称新冠肺炎）疫情的暴发，这一增长趋势得到了限制。

新冠肺炎疫情导致国际旅游业收入与游客人数断崖式下跌。因新型冠状病毒传染性强、传播速度快等特点，各国政府迅速采取了全国戒严和出行管制，海关关闭、航班停运、景点关门，酒店、航空公司和在线旅游平台遭遇了大量退订，资金短缺导致许多大型旅游企业的就业和投资受到大幅影响，甚至宣告破产。受世界经济增长放缓影响，此次新冠肺炎疫情较“非典”波及范围更广，持续时间更长。

世界经济和国际旅游业将在疫情后稳步恢复。目前疫情在全球范围内给人们造成极大的损失，对经济活动造成严重的影响。牛津经济研究院估计，到2023年，全球旅游业有望恢复正常。随着全球疫情防控和复工复产形势的变化，越来越多的国家和地区对开放跨境旅游持更开放的态度，全球旅游业也将在2～3年内稳步复苏。国际组织纷纷通过多种形式为国际旅游活动的重启发声，共同助力国际旅游业复苏。[①]

可持续旅游发展共同体正在形成。过去，旅游是一个市场化程度较高、以

① 资料来源：https://baijiahao.baidu.com/s?id=1683338176680560233&wfr=spider&for=pc.

私营企业为主的行业，未来，多边国际组织、政府、事业单位等公共部门在旅游业中的作用将进一步凸显。我们将迎来一个全新的、生态的、可持续的世界旅游发展体系，该体系是新理念引领的全球共同的合作发展体系，是公共部门、私营企业、社会力量为保障人民的旅游权利、推动产业可持续发展而共同形成的一个共同体。该共同体可使全球联合起来，共同面对和解决世界安全问题、公共卫生问题、环境问题、科技研发问题等诸多挑战，探索一条“旅游需求引导市场开放，旅游投资促进基础设施和公共服务体系的完善，游客与社区共享现代商业环境”的国际旅游合作模式，推动国际旅游战略合作伙伴关系新动力的机制化成长。

长期以来，旅游业常被视为资源节约型和环境友好型产业，具有低能耗、低污染、低排放的产业特征。然而，国内外已有研究表明，旅游业是能源消耗与温室气体排放的主要贡献者之一。作为全球最大且增长最快的产业之一，旅游业快速发展产生的大量碳排放造成了多重复杂的气候与环境影响（吴普和岳帅，2013）。中国经济已由高速增长阶段转向高质量发展阶段，“双碳”目标先后被写入 2021 年政府工作报告和“十四五”规划，这是党中央经过深思熟虑后作出的重大战略决策，更是践行人类命运共同体理念的战略之举。当前，国务院印发的《2030 年前碳达峰行动方案》为优化产业结构及能源结构，扎实做好碳达峰、碳中和工作提供了行动指南。在高质量发展的时代背景下，科学评估旅游业碳排放趋势，以此制定中国旅游业“双碳”目标是一个紧迫的现实问题，值得学术界、政界及社会各界的深切关注。

（五）海洋（蓝色）碳汇发展背景

2009 年，联合国环境规划署（United Nations Environment Programme，UNEP）、FAO、联合国教科文组织政府间海洋学委员会（Intergovernmental Oceanographic Commission，IOC）发布了《蓝碳：健康海洋对碳的固定作用——快速反应评估报告》，确认了海洋在全球气候变化和碳循环过程中的重要作用，为二氧化碳减排提供了新视角。“蓝碳”作为一个新鲜名词，引起了世界各国政府和科学家的广泛关注。[①]2010 年，墨西哥坎昆第 16 届联合国气候变化大会上“蓝色碳汇计划”正式提出，旨在研究沿海海洋生态系统对减缓气候变化的潜在影响（邱广龙等，2014）。2011 年，联合国出台了《海洋及沿海地区可

① 资料来源：https://m.thepaper.cn/baijiahao_12292873.

持续发展蓝图》，提出制定“全球蓝碳市场”计划。该计划的提出者希望为蓝色碳汇的交易提出一套直接、有效且精确的蓝色碳汇计量方法，通过对蓝色碳汇专业的价值估算，使其能够在交易市场中顺利流通。为了调动人们积极参与全球蓝色碳汇交易、为交易提供资金支持与保障，该计划还提出要建立“全球蓝碳基金”。最为重要的是，该计划打算构建一套适合蓝色碳汇交易的市场机制，从而将海洋所吸收、固定和储存的二氧化碳更好地纳入国际气候变化政策框架内（聂鑫等，2018）。2013 年，我国 30 多个涉海部委、科研院校和企业，形成了以基础研究为主，涵盖产、学、研、政、用的联盟体——全国海洋碳汇联盟，旨在推动蓝碳研发，服务国家需求。2015 年 4 月，《中共中央 国务院关于加快推进生态文明建设的意见》明确指出：“增加森林、草原、湿地、海洋碳汇等手段，有效控制二氧化碳、甲烷、氢氟碳化物、全氟化碳、六氟化硫等温室气体排放。”[①]2015 年 9 月，中共中央、国务院印发的《生态文明体制改革总体方案》明确提出：“建立增加森林、草原、湿地、海洋碳汇的有效机制，加强应对气候变化国际合作。”[②]2016 年，《“十三五”控制温室气体排放的工作方案》提出“探索开展海洋等生态系统碳汇试点”的要求。2017 年，我国政府向《联合国气候变化框架公约》秘书处提交了《中华人民共和国气候变化第一次两年更新报告》，报告首次提出，为应对气候变化，我国在发展蓝色碳汇上所做的工作，并列出了 7 项应对气候变化的海洋技术需求清单，其中包括 6 项减缓技术需求清单［波浪能利用技术、潮流能利用技术、温（盐）差能利用技术、蓝色碳汇调查评估技术体系、蓝色碳汇贮藏能力提升技术体系、海洋二氧化碳海底封存技术］和 1 项适应技术需求清单（海洋生态系统对气候变化的脆弱性与适应性技术）。[③]2017 年 5 月，“一带一路”国际合作高峰论坛成功召开，国家发展和改革委员会和国家海洋局发布《“一带一路”建设海上合作设想》[④]作为论坛成果之一，并倡议发起 21 世纪海上丝绸之路蓝碳计划，与沿线国家共同开展海洋和海岸带蓝碳生态系统监测、标准规范和碳汇研究，推动建立国际蓝碳论坛与合作机制，同年《21 世纪海上丝绸之路研究报告》（贾益民，2017）发布，为蓝碳领域的国际合作揭开新的篇章。2017 年 8 月，

① 资料来源：http://www.gov.cn/xinwen/2015-05/05/content_2857363.htm.

② 资料来源：http://www.xinhuanet.com//politics/2015-09/21/c_1116632159.htm.

③ 资料来源：https://unfccc.int/sites/default/files/resource/chnbur1.pdf.

④ 资料来源：http://www.gov.cn/xinwen/2017-11/17/content_5240325.htm.

中共中央、国务院印发的《关于完善主体功能区战略和制度的若干意见》[①]提出探索建立蓝碳标准体系及交易机制。2018 年 4 月 13 日，习近平主席在庆祝海南建省办经济特区 30 周年讲话中明确提出“支持海南设立国际能源、航运、大宗商品、产权、股权、碳排放权等交易场所”，为海南蓝色碳汇交易提供了政策保障。

（六）海南自由贸易港建设背景

2018 年 4 月 13 日下午，习近平主席在庆祝海南建省办经济特区 30 周年大会上郑重宣布，党中央决定支持海南全岛建设自由贸易试验区，支持海南逐步探索、稳步推进中国特色自由贸易港建设，分步骤、分阶段建立自由贸易港政策和制度体系。[②]海南自由贸易港是按照中央部署，在海南全岛建设自由贸易试验区和中国特色自由贸易港，是党中央着眼于国际国内发展大局，深入研究、统筹考虑、科学谋划作出的重大决策。按照中央部署，海南要努力成为中国新时代全面深化改革开放的新标杆，以供给侧结构性改革为主线，建设自由贸易试验区和中国特色自由贸易港，着力打造成为中国全面深化改革开放试验区、国家生态文明试验区、国际旅游消费中心、国家重大战略服务保障区。根据规划，海南将在城乡融合发展、人才、财税金融、收入分配、国有企业等方面加快体制机制改革；设立国际能源、航运、大宗商品、产权、股权、碳排放权等交易场所；积极发展新一代信息技术产业和数字经济，推动互联网、物联网、大数据、卫星导航、人工智能等同实体经济深度融合。[③]海南自由贸易港的实施范围为海南岛全岛，到 2025 年将初步建立以贸易自由便利和投资自由便利为重点的自由贸易港政策制度体系，到 2035 年成为中国开放型经济新高地，到 21 世纪中叶全面建成具有较强国际影响力的高水平自由贸易港。[④]2020 年 6 月 1 日，中共中央、国务院印发了《海南自由贸易港建设总体方案》[⑤]，并发出通知，要求各地区各部门结合实际认真贯彻落实。2021 年 6 月 10 日，第十三届全国人民代表大会常务委员会第二十九次会议通过《中华人民共和国海南自由贸易港法》[⑥]。

① 资料来源：http://fgw.nmg.gov.cn/ywgz/fzgh/202103/t20210326_1315202.html.

② 资料来源：https://baijiahao.baidu.com/s?id=1597654975466786982&wfr=spider&for=pc.

③ 资料来源：http://news.cri.cn/20180414/944ef35e-2f0f-1c23-2457-1b895dc54b9c.html.

④ 资料来源：http://m.news.cctv.com/2020/06/01/ARTIAB3O4jzdCCw4cGOL5ixQ200601.shtml.

⑤ 资料来源：http://www.gov.cn/zhengce/2020-06/01/content_5516608.htm.

⑥ 资料来源：http://www.npc.gov.cn/npc/c30834/202106/eec9070dd18e4b0190cd2abb9345442d.shtml.

当前，海南正处于全面深化改革开放和建设中国特色自由贸易港的关键时期，特别是海南还承担着打造经济高质量发展和生态环境高水平保护示范样板的重任。如何做到经济与生态和谐发展，处理好区域经济建设与降碳减排之间的关系，对于海南“双碳”目标的确定，以及配套时间表和路线图的制定，都是重大的挑战和考验。

二、热带海洋牧场旅游碳汇研究动机

（一）有助于提高应对气候变化的能力

以变暖为主要特征的全球气候变化是当今人类社会面临的最大威胁之一，日益受到世界各国的广泛关注，成为当今国际政治、经济、环境和外交领域的热点。海洋碳汇在应对气候变化中具有特殊地位，开展海洋碳汇是减缓和适应气候变化的成本较低、技术可行又可带来多种效益的重要减碳措施（雷海清，2017）。

（二）有助于推进海洋生态文明建设和生态环境保护

2015 年 10 月，党的十八届五中全会召开，生态文明建设首次被写入国家五年规划。同年，国家海洋局印发了《国家海洋局海洋生态文明建设实施方案》（2015—2020 年），要求将海洋生态文明建设贯穿于海洋事业发展的全过程和各方面。实践证明，海洋牧场具有强大的海洋生态修复功能，发展海洋牧场碳汇能够有效帮助解决我国海洋生态系统不断退化、资源日益衰竭、污染日趋严重的问题（罗新颖，2015）。

由于人们不合理地开发和利用海洋，近年来海洋的生态环境遭受了巨大的损害。目前，我国沿海地区许多近海水域出现严重的富营养化问题，赤潮现象频繁发生，近海海岸带生态系统整体上呈退化趋势。发展海洋碳汇可有效促进海岸带生态系统保护，降低海洋和海岸带过度开发影响，延缓海岸带生态结构演替和功能退化趋势，保护海洋生物多样性，实现对海洋生态系统的全面保护。

（三）有助于推动海洋科技创新

海洋科技与海洋碳汇的发展是相辅相成、相互促进的。不管是减少碳排放还是增加海洋碳汇都依赖于海洋科技，要发展海洋碳汇，走低碳发展路线，就必须实现海洋科学技术的创新。目前海洋碳汇功能研究与测算大多数采用实地调查的方式，耗费较多的人力、物力、财力和时间。可以通过将 3S 技术与海洋碳汇结合起来，以海洋碳汇与环境关系为主线，以海洋碳汇过程与机制为突破口，聚焦海洋碳汇关键环节，解析海洋碳汇的形成过程和调控机制，建立海洋碳汇与典型海洋环境问题的对应关系。

（四）有助于推动社会效益提高

在庆祝海南建省办经济特区 30 周年讲话中，习近平主席明确提出“海南要坚持以人民为中心的发展思想，不断满足人民日益增长的美好生活需要，让改革发展成果更多更公平惠及人民”。实践证明，社区参与度越高的项目，社会效益就越大，项目的成功率就越高，最终可实现海洋牧场及海洋碳汇的可持续发展。海洋牧场构建及海洋碳汇对于促进近岸水产养殖产业结构调整和升级、发展环境友好型养殖新模式具有推动作用，有利于近岸水产养殖环境的改善，从而使海洋环境逐渐得到改善和恢复，让游客和居民能够感受环境改善所带来的幸福感的提升。

（五）有助于形成新的旅游开发模式

2020 年新冠肺炎疫情在全世界的蔓延，对旅游业造成了巨大的打击，但也让所有人开始反思如何与自然和谐相处。海洋牧场建设的初衷就是增加渔业资源产量、恢复海洋生态环境、增加生物多样性，海洋牧场旅游开发的前提是不危害海洋生态环境，为满足这样的条件，在旅游者行为、旅游产品开发、旅游媒介选择等方面均需展开深入研究，不断向生态旅游、低碳旅游方向发展，减少二氧化碳的排放量，从而更好地发展海洋碳汇。

三、热带海洋牧场旅游碳汇核心概念

（一）碳汇

碳汇（carbon sink），是指通过植树造林、森林管理、植被恢复等措施，利用植物光合作用吸收大气中的二氧化碳，并将其固定在植被和土壤中，从而减少温室气体在大气中浓度的过程、活动或机制。

碳汇与碳源是两个相对的概念。碳汇主要是指吸收并储存二氧化碳的能力；碳源（carbon source）是指产生二氧化碳之源，它既来自自然界，也来自人类生产和生活过程。即碳源是指向大气释放碳的母体，碳汇是指自然界中碳的寄存体。减少碳源一般通过二氧化碳减排来实现，增加碳汇则主要采用固碳技术（赵蕾，2014）。

目前主要的碳汇形式包括森林碳汇、草地碳汇、耕地碳汇和海洋碳汇。

（二）旅游

关于旅游的定义有很多种，目前还没有统一的定义。较流行的定义有以下几种。

（1）概念定义

该定义旨在提供一个理论框架，用以确定旅游的基本特点，以及将它与其他类似的，有时是相关的，但是又不相同的活动区别开来。国际上普遍接受的是艾斯特定义，1942 年，瑞士学者汉沃克尔和克拉普夫指出：“旅游是非定居者的旅行和暂时居留而引起的一种现象及关系的总和。这些人不会因而永久居留，并且主要不从事赚钱的活动。”

（2）技术定义

世界旅游组织和联合国统计委员会推荐的技术性的统计定义：旅游指人们为了休闲、商务或其他目的离开惯常环境，到某些地方并停留在那里，但连续不超过一年的活动。旅游目的包括六大类：休闲、娱乐、度假；探亲访友；商务、专业访问；健康医疗；宗教/朝拜；其他。技术定义的采用有助于实现可比性国际旅游数据收集工作的标准化。

（3）交往定义

1927 年，德国的蒙根·罗德对旅游作出了如下定义：旅游从狭义上理解为那些暂时离开自己的住地，为了满足生活和文化的需要，或各种各样的愿望，而作为经济和文化商品的消费者逗留在异地的人的交往。这个定义强调旅游是一种社会交往活动。

（4）目的定义

20 世纪 50 年代，奥地利维也纳经济大学旅游研究所对旅游下的定义是，旅游可以理解为暂时在异地的人的空余时间的活动，首先是出于修养，其次是出于受教育、扩大知识和交际等原因的旅行，最后是参加各种组织活动。

（5）时间定义

1979 年，美国通用大西洋有限公司的马丁·普雷博士在中国讲学时，对旅游的定义为，旅游是为了消遣而进行旅行，在某一个国家逗留的时间至少超过 24h。这个定义强调的是各个国家在进行国际旅游者统计时的统计标准之一：逗留的时间。

（6）相互关系定义

1977 年，美国学者罗伯特·麦金托什和夏希肯特·格波特认为，旅游可以定义为在吸引和接待旅游者及其他访问者的过程中，由于游客、旅游企业、东道政府及东道地区的居民的相互作用而产生的一切现象和关系的总和。这个定义强调的是旅游引发的各种现象和关系，即旅游的综合性。

（7）生活方式定义

我国经济学家于光远 1985 年对旅游的定义为，旅游是现代社会中居民的一种短期性的特殊生活方式，这种生活方式的特点是：异地性、业余性和享受性。

（8）“游憩中国网”定义

旅游是人们在非定居的城市、乡村、景区和度假区围绕生态、文化、康体、游乐等方面进行的游憩活动。旅游的外延包括旅游产业、旅游目的地、旅游项目、旅游产品等由大到小的一系列范畴。

本书采用李天元（2014）对旅游的定义：非定居者的旅行和暂时居留而引起的一种现象及关系的总和。

（三）海洋碳汇

海洋碳汇又被称为蓝色碳汇即“蓝碳”，是海洋作为一个特定载体吸收大气中的二氧化碳，并将其固定的过程和机制。这里的“蓝碳”是相对于陆地生态系统固定的“绿碳”而言。蓝碳每年从大气中净吸收（进出通量之和）大约 2.3 Pg C，而绿碳大约净吸收 2.6 Pg C（赵蕾，2014）。地球上超过一半的生物碳和绿碳是由海洋生物（浮游生物、细菌、海草、盐沼植物和红树林）捕获的，单位海域中的生物固碳量是森林的 10 倍，是草原的 290 倍。盐沼、红树林和海草床是三大海岸带蓝碳生态系统，除此之外，海洋渔业也是海洋碳汇不可或缺的组成部分。

（四）海洋牧场

海洋牧场的概念源于陆地牧场，目前关于海洋牧场的定义尚无定论。海洋牧场建设总是与人工鱼礁有着密切的联系，美国、日本、挪威等国家最早着手于投放人工鱼礁，建设海洋牧场。

从国内外学者给出的众多概念中，可以发现海洋牧场存在着共性特征：①范围特定。建设海洋牧场是具有针对性的，选取的位置需要事先考察评估；②人为干预。人工鱼礁设置和投放、生物苗种的培育和流放、人工驯化和海域监测等各方面受到人类的干预；③开放环境。海洋牧场不同于淡水养殖，不是圈养，需要开阔的海域；④经济效益与生态效益明显。建设海洋牧场的目的，起初是解决渔业资源枯竭问题，带来经济效益。随着时间的推进和技术的发展，发现海洋牧场可以改善水质及其他生态环境问题，可促进生态环境的可持续发展。

随着海洋牧场建设的研究的不断深入，有学者将现代化海洋牧场定义为在特定海域，基于区域海洋生态系统特征，通过生物栖息地养护与优化技术，有机组合增殖与养殖等多种渔业生产要素，形成环境与产业的生态耦合系统；通过科学利用海域空间，提升海域生产力，建立生态化、良种化、工程化、高质化的渔业生产与管理模式，实现陆海统筹、三产贯通的海洋渔业新业态。目前所使用的海洋牧场概念主要是指现代化海洋牧场（杨红生，2018；王凤霞和张珊，2018）。

（五）人工鱼礁

人工鱼礁（artificial fish reef）是指为增加渔获量，改善生态系统平衡，人为在海底设置的各种适于动物集群和栖息的固定物体。建设人工鱼礁的目的是改善海洋环境，为动、植物营造良好的环境，为鱼类等游动生物提供繁殖、生长发育、索饵等的生息场所，达到保护、增殖和提高渔获量的目的。人工鱼礁的种类按其作用不同分为：①增殖鱼礁。一般投放于浅海水域，主要放养海参、鲍鱼、扇贝、龙虾等海珍品，起到增殖作用；②渔获鱼礁。一般建设于鱼类的洄游通道，主要用于诱集鱼类形成渔场，达到提高渔获效率的目的；③游钓鱼礁。一般设置于滨海城市旅游区的沿岸水域，供休闲游钓活动之用。按不同的制造材料可分为石块鱼礁、木笸树木鱼礁、废轮胎鱼礁、废车船鱼礁、混凝土鱼礁、钢筋鱼礁以及用聚乙烯材料制作的各类底鱼礁、浮鱼礁等。按建设目的可分为渔获型、保护型、培育型、诱导型鱼礁和浅海增殖礁等。

人工鱼礁的作用主要有：①人工鱼礁建设是一项海洋生态环境的修复工程。投放人工鱼礁，可以有效地保护缺乏自保能力的幼鱼幼虾，提高其成活率，为鱼类提供良好的栖息环境和索饵场所，有助于资源成倍甚至数十倍地增加。据美国科研人员长期对比分析，建设人工鱼礁后，礁区内的鱼类品种一般由非礁区的3～5种增至45种左右；人工鱼礁的渔产量，一般比非礁区提高10～100倍，最高达1000倍；海洋环境起到净化作用，投放人工鱼礁后，附近海域的海藻数量成倍增加，海藻可以起到净化海水的作用。人工鱼礁建设后，相当于在沿海营造一批小型的良性人工生态系统，提高海域生产力。②可以缓解底拖网渔船对海底的破坏。投放人工鱼礁，可以阻止底拖网作业，防止海底出现“荒漠化”。③有利于优化渔业生产作业结构。开展人工鱼礁建设不仅使被淘汰的废旧渔船得到利用，同时也可以建造一批人工游钓业、笼捕或刺网渔场；被调整作业结构的部分底拖网渔船可以改为从事游钓业或改装为游艇，渔船的出路和渔民的就业问题得到缓解。④有利于海洋牧场的建设和发展海洋旅游。近年来，旅游业发展迅速，其中海洋生态旅游需求日益旺盛，发展潜力巨大。借鉴国内外的经验，人工鱼礁可以在海洋生态旅游中发挥重要作用。人工鱼礁建成后，可以实现人工鱼礁和海洋牧场建设与发展的良性循环。

（六）海洋牧场碳汇

海洋牧场碳汇，简单说就是把海洋牧场建设以及海洋牧场修复的海洋生态环境作为一个特定载体吸收大气中的二氧化碳，并将其固定的过程和机制。海洋牧场碳汇包括三部分：一是海洋牧场人工鱼礁建设材料的碳汇；二是海洋牧场建设后引起的海洋生态环境的修复所产生的碳汇，包括贝藻类、鱼类、珊瑚礁的碳汇；三是海洋牧场旅游的碳汇，海洋牧场旅游方式属于低碳旅游，产生的碳比其他旅游方式要少，从另一个角度来说，减碳即为增加碳汇。

（七）海洋牧场旅游碳汇

基于旅游、碳汇、海洋牧场、海洋牧场碳汇等概念，海洋牧场旅游碳汇的内涵主要在于：基于海洋牧场内投放的各种各样的人工鱼礁等所创造的良好生态环境所开发出的旅游产品，购买产品的旅游者，所涉及的行业或产业在旅游活动开展过程中增加二氧化碳吸收、减少二氧化碳排放的所有事物、行为及过程的综合。

第二章　海洋牧场旅游碳汇研究进展

一、国内外海洋牧场发展历程

（一）国外海洋牧场发展历程

（1）萌芽阶段（1961年以前）

日本和美国是海洋牧场开发最为成功的国家，是人工鱼礁技术应用最成熟的区域（刘同渝，2003）。海洋牧场的建设最初源于原始人工鱼礁的发现，这是萌芽阶段中最典型的代表，随后才进一步发展出现增殖放流的形式（崔晨，2020）。原始人工鱼礁源于古人发现投掷石块、树枝等物体于海中可引起鱼群聚集这一现象，后来才逐步经过人为改造制成现在的人工鱼礁。“人工鱼礁”一词在第二次世界大战之后被正式采纳，这一时期出现了大量建立在原始捕捞方法基础上的渔场，多采用投放自然物体到海中的方式，实现诱导鱼群聚集、增加渔业捕捞量的目标（陈心等，2006）。

日本建造人工鱼礁的历史可以追溯到380多年以前。1640年，早期的人工鱼礁始于日本高知县，当地居民通过投放石块来建造渔场；1716年，在日本青森县记载过投石增殖海藻类和贝类的方法；1795年，日本开始在近海投放人工鱼礁；1804年，在日本淡路国津名郡海域，居民有意识地选取人工鱼礁，将用石块、竹子等材料制作的鱼礁进行投放，形成了原始的人工鱼礁。

美国有160多年的人工鱼礁发展历史。1860年洪水灾害，树木折断后被冲进卡罗利纳海湾，藻类植物在其周围繁殖，诱集了大量鱼群，渔民受此启发，在美国东北沿海投放原始人工鱼礁，此时木头、石头搭建的人工鱼礁快速发展。20世纪50年代，美国投放沉船作为鱼礁，美国船务公司曾用木质啤酒桶填充混凝土制作人工鱼礁，也曾在墨西哥湾投放废弃车辆，一直到1960年投放的鱼礁多为小型鱼礁，并且以民间设置为主。在此阶段，日本、美国虽然进行了大范围的人工鱼礁建设，但并未引起其他国家注意，人类对于鱼类的捕捞模式依旧停留在传统的围捕方式，鱼类数量完全由自然的力量与人类自身的节制所决定，一旦出现自然灾害或人类的过度捕捞就会导致鱼类数量的急速下降，其结果是严重损害了海洋渔业资源的可持续发展（陈力群等，2006）。为解决过度捕捞所导致的不可持续发展现象及环境问题，出现了有别于传统采捕型渔业的增殖放流模式（王宏等，2009）。世界上最早开展人工繁育放流工作的是法国，1842年法国将人工授精孵化的虹鳟幼鱼放流于河川之中（李继龙等，2009）。有资料显示太平洋幼鱼的放流在1860～1880年已经开始。1871年，美国建立第一个孵化场，进行规范化的增殖放流，日本、加拿大等培育鲑鱼苗种并实施放流，澳大利亚、新西兰等纷纷效仿。韩国受日本渔业技术的影响，1924年开始进行鱼苗标志放流实验，包括鳍鱼、明太鱼、乌贼、黄花鱼、秋刀鱼等种类，并在1953年制定了《水产业法》，逐步开始了小型人工鱼礁的建设。日本在20世纪50年代初期，通过政府资助苗种放流，进行了浅海增殖，虽然在1960年以前放流规模较小，但也取得了一定进展（刘卓和杨纪明，1995）。

（2）初步发展阶段（1961～1979年）

20世纪60年代初日本成立濑户内海栽培渔业协会，栽培渔业是指人工培育大量的鱼、贝、虾苗种，投放至特定海域进行增养殖，以增加水产资源后代的补充量，达到提高海洋生产产量的目的，或者通过这种手段，干预、控制海洋资源量的变动（黄文沣，1980）。日本的栽培渔业在投放人工鱼礁和鱼苗放流的基础上，推进了新渔业的技术开发和事业化的结合，从技术开发扩展到应用推广。

随着经济的快速发展，1960年以后，建造人工鱼礁所用的材料有了较大的突破，增加了轮胎、废弃钻井平台、玻璃制品、废弃火车、锅炉、管道等多种材料，节约了建设成本，同时有助于工业废物的海洋化处理（林军和章守宇，2006）。人工鱼礁制造业的迅速发展，使美国政府更加重视人工鱼礁的建设，主要聚焦于人工鱼礁产生的效果，美国用两年的时间观测调查，发现人工鱼礁投放海域鱼的数量是未设置鱼礁海域的11倍，之后美国投放了更多的人工鱼礁。1966年美国联邦政府开始正式研究海洋人工鱼礁，集中研究人工鱼礁适用类型和如何提高投放效果。美国于1968年最早提出了有关海洋牧场的计划，并于1972年付诸实施，1974年在加利福尼亚海域利用自然苗床培育巨型海藻，取得了显著的效益。韩国于1966年成立水产厅国立水产振兴院，开始重视海洋产业开发，20世纪70年代韩国开始人工鱼礁的建设，1973年成立了韩国国立水产苗种培育场，随后在海洋牧场区域实施苗种的放流。

真正提出“海洋牧场”这一概念的是日本（刘卓和杨纪明，1995）。日本在 1971 年的海洋开发审议会上率先提出海洋牧场的概念，当时人们普遍认可的定义是：只要在海洋中利用天然饲料进行养殖的场所都被认为是海洋牧场。在这个时期，最重要的是将海洋牧场的建设提上议程，建设海洋牧场最重要的工作主要集中于对人工鱼礁的开发和建设，美国、加拿大、挪威及苏联等都在海洋牧场建设或鱼类放牧方面做了相关研究和实践（颜慧慧和王凤霞，2016）。

从 20 世纪 60 年代末至 70 年代初，人工鱼礁得到了进一步的发展，无论是制造材料的材质、空间设计的水平，还是在全球范围内的制造量和作用都有了很大程度的提升。其中，美国、日本在该领域的研究处于领先地位。此时，各国经济快速发展，逐步重视海洋资源的开发，渔船向大型化、机械化、自动化方向发展，渔业产量不断增加，养殖业迅速崛起，各国政府加大渔业投资力度。日本在这个时期加速了专属经济区人工鱼礁的建设，使得日本的渔业产量显著提高，韩国、英国、德国等均加快了人工鱼礁的建设，逐步形成特殊产业，苗种放流量急剧增加，规模进一步扩大，此时初现了海洋牧场形态（刘同渝，2003）。

（3）快速发展阶段（1980～2000 年）

从 20 世纪 80 年代初期开始，科技时代来临的同时，世界各地均受到资源与环境问题的困扰，各国政府开始意识到建设海洋牧场的重大意义，海洋牧场进入了快速发展阶段，表现在空间范围快速扩展，很多区域均出现了海洋牧场（包括栽培渔业）以及人工鱼礁的建设活动（佘远安，2008）。各国在技术方面的研究也越来越深入，包括放养目标种类的选择、驯养与海洋牧场环境的监测、修复和改造等方面，同时制定了许多相关法规，为了保护投资者的利益，在部分国家还出现了第一产业与第三产业的结合发展，效益不断扩大。1982 年第三次联合国海洋法会议通过了《联合国海洋法公约》，规定了 200 海里专属经济区属于国家管辖范围，海洋资源受到了限制。同时海洋环境问题开始不断涌现，引起了各国对海洋开发的重视，纷纷着手制定海洋牧场计划。到 1980 年，日本已经建设了 20 多个海洋牧场，逐步迈向产业化，在农林水产技术会议上，针对“有关海洋牧场化计划”的论证资料中，对海洋牧场的概念提出了更为具体的界定。日本开始在全国全面推行栽培渔业，制定了栽培渔业长远发展计划，并组织了为期 9 年的海洋牧场推进计划。20 世纪 80 年代，日本将音响驯化技术应用于海洋牧场中，运用追踪监控技术，监测鱼群行动，控制其行为。20 世纪 90 年代，日本每年仅投入到人工鱼礁建设的资金就达 589 亿日元，中央政府和县政府或市町村各负责 50%，日本开始逐步转换水产发展模式。韩国在 20 世纪 80 年代养殖技术已经成熟，水产养殖向集约化发展，于 1985 年制定了“人工鱼礁设施设置指针”。人工鱼礁开始呈多样化发展，藻类鱼礁、鱼类鱼礁、贝类鱼礁等用途多样化、改良化的鱼礁表现出多种形状，如圆桶形、半球形、四角形、六角形等，同时人工鱼礁的体积由小型逐步向大型化发展，形成了体系化、规范化的人工鱼礁产业。20 世纪 90 年代是韩国高科技水产业发展时期，韩国进行了遗传育种技术的开发，并制定了海洋牧场建设规划。挪威针对海洋农牧化开展了长达 15 年的深入研究，研究的问题包括环境影响，鱼苗生产、放养、与野生种群的互动、健康状况，等等，其目的是发展新的沿海产业内部架构，实现均衡和可持续发展。20 世纪 80 年代，挪威开始了具有针对性的增殖海洋牧场建设，如建设挪威龙虾、鳕鱼等海洋牧场，并于 1990～1997 年进一步推进了海洋牧场计划。此后，美国、英国、加拿大、俄罗斯、瑞典等均把栽培渔业作为振兴海洋渔业经济的战略对策，投入大量资金，开展人工育苗放流，恢复渔场基础生产力，并且都取得了显著成效（张怀慧和孙龙，2001）。1988 年第四届国际人工鱼礁研讨会将人工鱼礁更名为“人工鱼类栖息地”，与会者认为该名称更符合人工鱼礁建设的目的，以此也彰显了其对人工鱼礁研究的重视。

在此阶段，海洋牧场产业开始向第三产业迈进。20 世纪 80 年代初期，美国在沿海海域投放了 1200 处人工鱼礁，聚集了大量的可垂钓鱼群，开始发展游钓业。美国游钓业的人数每年以 3%～5%的速度递增，到 80 年代中期获利 180 亿美元。到 2000 年，美国人工鱼礁数量比以前增加了一倍，达到 2400 处，游钓人数已达到 1 亿人左右，综合经济效益达到 300 亿美元。这一阶段也是海洋牧场技术快速发展时期，日本进行了一系列的技术研究与开发，如开发培养有效饵料生物的方法和饲养技术、验证放流效果的技术、提高存活率的技术等。日本、挪威等的海洋牧场实践表明，海洋牧场是综合技术体系，涉及立法、管理、经济等各个层面，其中管理和物权制度是取得经济效益的关键，对洄游范围小、趋礁性强的鱼种和定居种群的海洋生物资源增殖，能够取得显著的经济效益；通过应用水产工程技术，改造水生经济生物栖息环境，能够高效增殖渔业资源，增殖品种生物学特性、生态习性的研究是实施海洋牧场计划的重要依据（刘伟峰等，2021）。1989 年，日本专家介绍了海洋牧场计划成功实施的经验（刘卓和杨纪明，1995），表明了运用水产工程技术能满足资源增殖的需求，并能取得显著的经济效益。此阶段，苗种生产的新技术、渔民参与的管理制度、回捕渔获量规定等被成功运用到海洋牧场的经营和管理上。

（4）深入发展阶段（2001 年至今）

21 世纪是生物技术和产业革命时期，海洋经济时代来临，国外海洋牧场进入了深入发展阶段，许多海洋牧场已经竣工，逐步进入收益时期。在快速发展阶段海洋牧场各项基础技术已基本成熟，在深入发展阶段，各国对海洋牧场的人工鱼礁建设、生物行为控制、环境资源保护与监测及管理等技术进行了更深层次的研究，结合生物、化学、物理等领域尖端技术，研发海洋牧场新技术，并制定了更为详细的海洋牧场规划，建立海洋牧场示范区，收益颇丰。

到了 21 世纪，日本的海洋牧场已经规范化、制度化，2001 年日本制定《水产基本法》，修订《沿岸渔场整备开发法》，对人工鱼礁建设进一步进行了详细的规定。2002 年推行“水产基础整备事业”，制定了 2002～2006 年的第一个五年计划。日本还加大了大型鱼礁的开发力度，在滨田海域设置高 40 m 的人工鱼礁，且由浅海海域向深海海域发展建设海洋牧场。海洋牧场的不断扩展带动了技术的开发，日本高科技技术呈现迅速发展趋势，海洋牧场技术进入高速发展时期，各领域知识结合运用，水产厅外围团体——21 世纪海洋论坛的海洋牧场开发研究会进行了真鲷幼鱼的音响驯化海上浮标站的研究，数年后又在新潟佐渡（牙鲆海底牧场）、宫城气仙沼（黑鲪）、广岛竹居（黑鲷）、三重五所湾（真鲷）等地，就各海域适宜的鱼种开展投饵音响驯化实验，实验结果证明回捕率大幅度提高。增养殖型海洋牧场及生态修复和保护型海洋牧场进一步发展（张立斌和杨红生，2012），逐步向第三产业迈进，如长崎市海洋牧场建立垂钓公园，游钓人数超过 7000 人。

澳大利亚建设的幼鱼增养殖型海洋牧场，自 2010 年后，平均每年鲑鱼养殖生产总值增长幅度约为 11%，2011 年达到 4.088 亿澳元。鲑鱼占澳大利亚水产养殖产生总值的 43%和渔业生产总值的 18%（高倩等，2021）。海洋牧场不仅通过增殖产生收益，更重要的是改善生态环境，在海域资源枯竭、生境破坏的当下，各国逐步向生态修复方向发展。2001 年春季，挪威议会通过海洋牧场法，确立了扇贝、龙虾的物权制度。英国在 21 世纪初将海洋政策逐渐从海洋开发转移到海洋环保，并在近年来不断采取保护海洋生态系统的举措，2002 年 5 月，英国政府提出了“全面保护英国海洋生物计划”（杜元伟等，2021），为生活在英国海域的 4.4 万个海洋物种提供更好的栖息地。

韩国重视海洋牧场质量建设与管理，于 1998 年开始实施海洋牧场计划，进入 21 世纪后，人工鱼礁材质向混凝土、贝壳、陶瓷等多样化材料方向发展，

2002 年强化人工鱼礁渔场管理和保护。在庆尚南道统营市首先建设的核心区面积约 20 km^2 的海洋牧场于 2007 年 6 月竣工，海洋牧场规范化建设与管理取得了初步成效。2010 年修订了《人工鱼礁设施设置及管理规定》，人工鱼礁进入法治管理阶段，逐步向观光体验型海洋牧场发展。韩国统营海洋牧场的建设过程分三个阶段：一是成立基金会和管理委员会，明确管理机构、研究机构、实施机构等；二是增殖放流资源，建设海洋牧场；三是后期管理和建设结果的分析评估。其中科研和技术开发工作主要围绕区域地理和生态特征展开，重点研究了生态学特性与建设模式设定、生态环境的改善、鱼类增殖、海洋农牧化使用和管理 4 个方面。其核心技术体系包括 4 个方面：海岸工程及人工鱼礁技术、鱼类选种和繁殖及培育技术、环境改善和生境修复技术、海洋牧场的管理经营技术。对于其他如放流技术、放流效果评价、人工鱼礁投放效果评价、牧场运行和监测技术、设施管理、牧场的经济效益评价、牧场建成后的管理及维护和使用模式等也进行了相关的研究。

不同于日本、挪威海洋牧场，韩国的海洋牧场突出了基于海洋生态系统管理的内容。他们认为海洋牧场管理内涵应包括生物群落之间的相互作用、生物与栖息地之间的相互作用、渔业活动对生物群落与栖息地的综合影响，并把渔业可持续发展、生物多样性维持、栖息地质量改善作为海洋牧场管理的核心目标。以韩国为代表的海洋牧场建设是对海洋牧场概念的重要革新，标志着一个适用于不同海域特征的技术体系和管理体系正在形成，也为海洋牧场传播到其他沿海诸国打下了坚实的基础。

（二）中国海洋牧场发展历程

（1）萌芽阶段（1980 年以前）

中国的人工鱼礁历史悠久，起源较早，据记载最早的人工鱼礁要追溯到春秋战国时期，在“罧业”中出现了有关鱼礁的记载。在《尔雅》一书中也记载了中国渔民“投树枝垒石块于海中诱集鱼类，然后聚而捕之”的相关内容。明朝嘉靖年间（1522～1566 年），中国出现竹篱诱鱼的记载，将毛竹插入海底，并在间隙中投入石块和竹枝等用以诱导鱼群聚集。从这个角度上来说，中国是世界上最早发现及应用人工鱼礁的国家，但后期发展中未引起人们的重视。

早在 1965 年，我国海洋农业奠基人曾呈奎学部委员（院士）等就已经提出在海洋中通过人工控制种植或养殖海洋生物的理念和海洋牧场的战略构想。

曾呈奎认为，远洋捕捞和海洋农牧化是我国提高海洋水产品产量和品质的主要途径，提出要把我国海域建设为高产稳产的海洋农牧场（常理，2016）。20世纪70年代初，由于过度捕捞，近海渔业资源衰退，海洋农牧化开始引起人们的重视。70年代后期，冯顺楼、徐绍斌、陆忠康、刘恬敬等渔业专家也先后研究了海洋农牧化的理论和方法，提出我国海洋渔业资源、海水增养殖必须走海洋农牧化道路，这是渔业发展的必然要求（陈勇等，2002）。我国真正开始人工鱼礁建设始于20世纪70年代末至80年代初，1979年，我国开始在广西海域投放小型人工鱼礁，随后在广东、山东等地扩大了人工鱼礁投放试验规模。

（2）初步发展阶段（1980～2006年）

受韩国、日本海洋牧场建设成效的鼓励及学术界逾20年对海洋牧场建设的呼吁，20世纪80年代，我国开始建设海洋牧场，设计制造了废船、钢筋混凝土、大型浮沉结合多种类型的鱼礁，并陆续在沿海海域试验性地投放了一些人工鱼礁，取得了较好的效果。1983年政府批示在沿海扩大投放人工鱼礁规模，先后在广西、广东、福建、浙江、山东、辽宁等地进行人工鱼礁的投放和建设，但多为自发性、科学试验性建设、试点工作，并没有形成大规模建设，直到1987年年底，我国用时9年在全国8个省（自治区）开展了人工鱼礁建设，自此，我国人工鱼礁的建设取得了初步成功。

在此阶段，我国围绕海洋农牧化道路，海洋牧场开发技术与方法，海水增养殖发展重点、方向及途径等专题开展了多层次、多方面的研究与探索，丰富了这个领域的理论和技术。

“八五”计划期间，辽宁首先提出建设海洋牧场的设想，2003年辽宁獐子岛海域已经建成中国最大的底播虾夷扇贝海洋牧场，2004年与大连海洋大学合作海洋牧场建设项目，进行海底“植树造林”，营造海藻床，设置人工鱼礁和人工藻礁（贺平，2013）。通过综合利用生息场建设技术、健康苗种生产技术、行为驯化（中间育成）技术、增殖放流技术、生态与环境监控技术、选择性捕捞技术等关键技术的研究与集成，在獐子岛海域进行研究与示范，在滩涂贝类资源衰减严重的锦州海域进行浅海毛蚶贝类资源恢复技术的研究，为我国近海渔业提供海珍品的现代生产模式和技术支撑，为毛蚶贝类资源的恢复解决关键技术问题，以达到科学地养护、恢复和利用海珍品及毛蚶贝类生物资源的目的，保障我国海洋增养殖渔业在生态良好、环境和谐中持续健康发展（梁君等，2015）。该项目的实施改变了传统的渔业生产方式，变单纯的捕捞渔业、养殖渔业为生态管理型渔业，克服由过度捕捞带来的资源枯竭、由近海养殖带来的海水污染和病害加剧等弊端，实现海洋渔业生产方式上的新跨越，现已形成獐子岛渔业发展模式（刘伟峰等，2021）。

这一阶段我国海洋牧场的研究与建设内容主要为人工鱼礁建设和增殖放流，开展了生息场综合建设技术、鱼类行为驯化技术、放流技术、生态与环境监控技术、选择性捕捞技术等研究。尽管海洋牧场当时在我国尚处于初步发展阶段，其概念定位、发展模式等还未达成共识，但相关行业部门已有意识，民间企业（尤其北方）参与建设热情高涨。进入 21 世纪，广东、浙江、江苏、山东和辽宁等掀起了新一轮人工鱼礁建设热潮，呈现出政府提供政策和资金支持、企业实施建设的特点（杨红生，2016）。

2002 年起，我国对海洋渔业的发展模式进行了重大战略性调整，在沿海各地全面启动和实施了海洋捕捞渔民转产转业项目，其中安排部分资金用于开展海洋牧场建设（潘澎，2016）。2005 年，在山东地区实施了“山东省渔业资源修复行动计划”，建设“国家半岛海洋牧场”，此时处于起步阶段的海洋牧场建设，规模较小，技术性不强。2006 年国务院印发的《中国水生生物资源养护行动纲要》提出，“积极推进以海洋牧场建设为主要形式的区域性综合开发，建立海洋牧场示范区”，全国沿海各省（自治区、直辖市）积极组织开展海洋生物资源增殖放流活动和人工鱼礁建设。

（3）快速发展阶段（2007 年至今）

从 2007 年起，中央财政加大了对增殖放流和海洋牧场建设的支持力度，并直接带动了地方各级财政支持投入，使全国海洋牧场建设进入了相对快速发展的时期。据不完全统计，2008～2009 年我国为海洋牧场建设总投资逾 8070 万元，总面积 3770 hm^2，从北到南形成了辽西海域海洋牧场、大连獐子岛海洋牧场、秦皇岛海洋牧场、长岛海洋牧场、崆峒岛海洋牧场、海州湾海洋牧场、舟山白沙岛海洋牧场、洞头海洋牧场、宁德海洋牧场、汕头海洋牧场和廉江海洋牧场等 20 余处海洋牧场，我国海洋牧场的产业基础初具雏形（阙华勇等，2016）。

在 2011 年出台的《中华人民共和国国民经济和社会发展第十二个五年规划纲要》（简称《纲要》）中，海洋经济发展成为一个独立章节，《纲要》明确指出必须坚持陆海统筹发展战略，制定和实施海洋经济可持续发展战略，提高海洋的开发利用和可持续发展能力。海洋牧场是发展、建设海洋渔业经济的根本途径，同时也是发展低碳经济的一个重大契机（刘啸，2009）。海洋牧场的建设是科学发展观在海洋经济领域的重大突破，它将加大发展海洋低碳经济的力度，强化科学利用海洋资源的观念，对于带动海洋经济可持续发展、促进我国蓝色经济建设具有极大的推动作用。

2013 年，《国务院关于促进海洋渔业持续健康发展的若干意见》明确要求“发展海洋牧场，加强人工鱼礁投放”。2014 年 7 月，中共浙江省委、浙江省人民政府出台《关于修复振兴浙江渔场的若干意见》，力争到 2020 年建成 15 个海洋保护区、9 个产卵场保护区、6 个海洋牧场，累计增殖放流各类水生生物苗种 100 亿尾（粒），将浙江渔场渔业资源水平恢复到 20 世纪 80 年代末的水平，使海洋捕捞与资源保护步入良性发展轨道。2015 年 5 月 8 日，农业部发布通知，决定组织开展国家级海洋牧场示范区创建活动，明确提出了创建国家级海洋牧场示范区的指导思想和建设目标，进一步规范了我国的海洋牧场建设。同年，农业部公布全国第一批国家级海洋牧场示范区名单。

据不完全统计，目前，全国已投入海洋牧场建设资金超过 80 亿元，其中中央财政投入近 7 亿元，全国建设人工鱼礁 2000 多万 m^3 • 空，礁区面积超过 11 万 hm^2。2014 年辽宁省与多方合作编制了《长海县现代海洋牧场建设试点示范项目实施方案》，项目建设主要内容包括苗种繁育、底播增殖、人工鱼礁、休闲渔业、立体养殖、鱼类驯化、装备渔业、可控采捕 8 个方面，向规范化的海洋牧场建设跨出扎实的一步（贺平，2013）。我国常见的海洋牧场类型主要有 4 种类型：增养殖型海洋牧场、生态修复和保护型海洋牧场、休闲观光型海洋牧场及综合型海洋牧场（都晓岩等，2015）。我国海洋牧场正由增养殖型逐步向多元化的综合型方向快速发展。

（三）国内外海洋牧场发展历程对比分析

目前，我国海洋牧场建设和发展还不成熟，与日本、韩国、美国、挪威等一些国家相比，在发展时间、规模、技术水平及管理水平等方面还存在一定的差距（陈丕茂等，2019）。

（1）起步时间

1950 年以前，日本已经开始了人工鱼礁的投放，更在 1950 年投放 10 000 只船作为人工鱼礁，1954 年日本开始有计划地投资建设人工鱼礁，1963 年成立栽培渔业协会，开始大力发展栽培渔业。海洋牧场构想于 1971 年提出，1977～1987 年实施海洋牧场计划，并着手进行了海洋牧场建设，建成了世界第一个海洋牧场——黑潮海洋牧场。日本是世界海洋牧场成功发展的典型代表，起始时间远远早于中国，中国海洋牧场的发展建设，很大一部分是受日本的启发和影响（于沛民和张秀梅，2006）。

20 世纪 50 年代，美国用啤酒桶填充混凝土沉入海底作为人工鱼礁，是美国现代人工鱼礁建设的开端。美国海洋牧场建设大致同步于日本，是海洋牧场发展最成熟的国家之一。

1973 年，韩国开始建设人工鱼礁，1998 年实施海洋牧场计划。韩国建设海洋牧场，受日本影响较大。此外，英国、苏联、意大利、澳大利亚等建造人工鱼礁开始于 20 世纪六七十年代之后，相较于日本、美国，起步较晚。虽然原始人工鱼礁在中国起源最早，但并未真正发展起来，真正的人工鱼礁建设开始于 1979 年，属于小型的试验性投放。海洋牧场基础建设开始于 20 世纪 80 年代，进入 21 世纪后才快速发展，得到政府的大力支持。我国进行大规模的海洋牧场建设开始于 2006 年，虽然我国海洋牧场的建设起步远远晚于日本和美国，但正处于快速崛起与迅速发展阶段。

（2）发展规模

日本在 1976～1981 年设置了 3086 个人工鱼礁，体积为 3255 万 m^3·空，投资 705 亿日元，1991 年，日本栽培渔业的预算达到 48.6 亿日元（佘远安，2008）。进入 21 世纪后，日本投资数百亿日元建造数千个人工鱼礁，到 2003 年，全国共有国营的栽培渔业中心 16 家，都道府县的 64 家。21 世纪初，日本每年投入 600 亿日元用于人工鱼礁的建设，截至 2010 年，全日本渔场面积的 12.3%已经设置了人工鱼礁，投放人工鱼礁已达 5000 个，共计 5306 万 m^3·空，总投资 12 008 亿日元（朱孔文等，2011）。

韩国建设人工鱼礁之初，政府投资 4253 亿韩元，地方投资 1063 亿韩元，进入 21 世纪后，政府加大投资力度，到 2010 年，韩国东部投放人工鱼礁 64 035 个，已建造人工鱼礁面积达到 12 048 hm^2，投资力度逐步加大，并建设了韩国海洋牧场示范区（朱孔文等，2011）。

1983 年美国人工鱼礁已经达到 1200 处，每处面积数英亩，后又投放了大量废弃军舰作为人工鱼礁，同时用 150 个石油开采的海洋平台水下导管架作为人工鱼礁。美国海洋牧场发展以来，游钓业也得到了迅猛发展，截至 2010 年，美国游钓业所带来的经济效益达到 500 亿美元（朱孔文等，2011）。

20 世纪 80 年代，我国共设置 23 个投放试验点，投礁 28 000 多个。“十一五”期间，全国累计投入水生生物增殖放流资金约 20 亿元，放流各类苗种约 1000 亿尾（李彦，2011）；2012 年全国共投入增殖放流资金近 10 亿元（《中国水产》编辑部，2013）。截至 2016 年，据不完全统计，我国从北到南先后建设了 200 余处海洋牧场，海洋牧场的产业基础初具雏形（阙华勇等，2016）。我国海洋牧场发展时间短，投资力度和建设规模相较于日本和韩国，明显处于弱势，建设规模较小，仍需进一步加强建设。

（3）技术水平

在日本、韩国等技术先进的国家和地区，海洋牧场已经发展成为一项融合海洋生物学、海洋生态学、海洋工程等多学科前沿知识的高科技系统工程。以发展较晚但在技术方面却领先一步的韩国为例，韩国已经建成了许多海洋牧场示范区，在苗种的亲鱼养成、音响驯化等很多方面有了较大突破，建立了不同于日本栽培渔业形式的、有韩国特色的、资源养护型的海洋牧场模式，其关键技术主要包括环境监测及投饵、目标品种渔场建设、海流控制设施三个方面的内容。环境监测及投饵设施包括投饵及音响装置、太阳能发电系统、环境监测装置、陆上观测控制系统等。目标品种渔场建设包括最具代表性的人工鱼礁和海藻床的建设等。海流控制设施是确保海洋牧场能给目标品种提供安全的栖息场所，并提高各种设施的稳定性的设施。美国鲑鱼海洋牧场建设技术处于全球领先地位，远程监测系统开发技术成熟，并将转基因技术应用到海洋牧场鱼类驯化及监控方面，其卓越的海洋牧场技术与方法值得其他国家借鉴。日本独特的地理环境，促使其海洋牧场高速发展，其独特的音响驯化技术水平，远超其他国家，同时苗种育成、放流技术也相当成熟，其精准的机械化、自动化技术也逐步向更高层次迈进。

我国海洋牧场受发展历程的限制，相关技术发展时间较短，技术不够成熟，整体规模偏小，基础研究薄弱，研究海洋牧场的专业人员比例较低，政府或企业与大学、科研院所等机构的产学研结合也不够紧密，这些使得我国海洋牧场的建设研究受到了一定的制约（李波，2012）。技术的落后是导致我国海洋牧场开发模式粗放、布局不合理的重要原因，无法为海洋牧场建设实践提供有力的科技支撑。构建“民产学研”合作机制，提高科技创新能力，突破海洋牧场开发关键技术，已成为我国政府、学术界和产业界面临的共同课题（都晓岩等，2015）。

（4）管理水平

海洋牧场作为新兴的设施渔业，如何运营管理是一个重要问题，既需要法律政策支持（赵蕾，2014），又要有完善的管理体系。日本的管理体制已经基本完善，专设部门定期维护与检查人工鱼礁等设施，保证其正常使用，并且做到将主体过渡到渔民与政府一同建设海洋牧场，充分调动渔民建设海洋牧场的积极性。日本还颁布《沿岸渔场整备开发法》，规范沿岸渔场的发展，促进了鱼礁设置事业的发展；通过成立栽培渔业协会，负责管理栽培渔业的发展；对水产机构进行改革，将栽培渔业协会并入日本水产综合研究中心，专司栽培渔业项目管理和栽培渔业技术的研究、评价和实施工作，对单位内部的栽培渔业进行了体制和机制的整合与改革；日本 21 世纪海洋论坛综合政府、渔民、学者的观点，交流碰撞，平衡各团体利益，寻找适合日本海洋牧场的发展之道。日本重视管、民、产、学综合一体化的管理，同时加强地方政府、自治团体的联系，联合各组织综合监管，具有较高的管理效率。

韩国在海洋牧场的建设和发展方面，专门成立了水产厅国立水产振兴院、国立水产苗种培育场，并设置专属部门进行海洋牧场管理建设，制定详细的发展计划，由专属部门定期检查。2007 年，韩国海洋水产部将海洋牧场建设移交给韩国国立水产科学院管理，该院成立了海洋牧场管理与发展中心，具体负责该项目的实施工作。韩国海洋牧场管理条例明晰，权责明确，并且有详细的规划、管理体系，指导海洋牧场的建设和发展。美国海洋牧场多是企业制，监测、管理归属于开发企业，同时美国注重环境的修复，其开发管理更自由化。

在我国，海洋牧场多为政府建设，后期缺乏管理，甚至被弃置，或存在交叉管理、秩序混乱的现象，不仅缺乏渔民与企业的参与，还缺乏国家性质的规章条例的监管。目前我国社会资本更倾向于投资以海珍品底播增殖为主的增养殖型海洋牧场和休闲观光型海洋牧场，生态修复和保护型海洋牧场主要由政府投资。在实践效果上，社会资本投资建设的牧场要明显好于政府投资建设的牧场。因此，在今后的牧场开发中，应适当减少纯公益性牧场的比例，按照“谁投资，谁受益”的原则，将更多的经营管理权授予社会主体。政府资金主要投向产卵场保护、种质资源保护、幼鱼保护等难以社会化或不宜社会化的领域。同时借鉴日本、韩国成功的管理经验，成立专属监管体系，及时追踪海洋牧场后续环境问题。

二、海洋牧场建设对海域环境影响研究

（一）海洋工程对生态环境的影响

近岸海域是生态环境脆弱带之一，在开发海洋的过程中，由于人类对近岸海域环境重视程度的不足，研究程度的不够，导致部分近岸海域生态环境恶化。

随着海洋开发时代的到来，海洋工程对海洋生态环境的影响越来越重要，成为近岸海域主要的生态环境问题之一，并已成为制约海洋经济可持续发展的主要瓶颈。目前国际上普遍采用环境影响评价方法，对海岸工程进行环境评价，包括实地测量和模型分析，有单独考虑工程对防洪防潮、港口、航道或水质的影响，也有综合考虑工程对区域经济、社会和生态环境的影响。

当前，我国对于近岸海洋工程对生态环境的影响主要参考单个工程的建设项目可行性论证时开展的环境影响评价，已形成了一些成熟的方法（张存勇，2006），但仍有其局限性。第一，建设项目环境影响评价普遍只对建设和生产过程中有限范围的环境问题作达标性影响评价或建议，而并不对项目建设和投产过程中的延伸或扩展环境问题作完整的评价。缺少环境后评价和累积环境效应评价，而且往往只停留在对某个单项工程的环境评价，并没有把环境作为一个完整的系统进行综合分析（冯江等，2001）。第二，评价范围狭窄，无法从区域范围充分考虑资源利用和环境保护，也无法考虑建设项目生产建设的全过程，因此显得时空范围狭窄，无法实现社会、经济、资源和环境在时空上的协调发展。第三，没有考虑累积影响，只考虑单个项目、简单的因果关系、即时效应、某一具体的环境特征和地点，忽视了由多个项目、复杂的因果关系、高层影响、相互作用过程、事件滞后和边界扩大等因素所引起的环境变化。简单地说，单项工程环境评价没有考虑多个开发项目的综合影响，也没有考虑多个小项目造成的显著性累积影响。第四，没有考虑间接影响，直接针对项目本身，忽视对该项目诱发的新项目的环境影响，实际上，这些间接环境影响很可能超过评价项目本身。

（二）海洋牧场建设对生态环境的影响

（1）中国海洋牧场建设对生态环境的影响

从实际建设情况来看，中国整个海洋牧场的产业化水平低。海洋牧场建设缺乏自主创新和完备体系的技术标准，现有的《人工鱼礁建设技术规范》《人工鱼礁资源养护效果评价技术规范》无法满足科学、全面地建设高规格海洋牧场的需求。《中国水生生物资源养护行动纲要》和《国务院关于促进海洋渔业持续健康发展的若干意见》都指出中国海洋渔业发展方式仍然粗放，设施装备条件差，近海捕捞过度和环境污染加剧。在促进海洋渔业健康持续发展的同时，要加强海洋渔业资源和生态环境保护（李大鹏等，2018）。而在海洋牧场建设实践中，绝大多数海洋牧场难以抵御环境与生态灾害，增殖放流的幼苗的成活率得不到保证，部分海洋牧场对生态环境还造成了负面影响。唐峰华等（2012）对 2010 年春夏两季象山港海洋牧场渔业调查资料的分析表明，资源生物的香农-维纳多样性指数在 1～3，参考《水生生物监测手册》的评价标准，海洋牧场海域处于中度污染水平。从全国层面来看，缺乏统一的生态、环境和生物资源调查评估对海洋牧场效果进行量化评估，更没有长期对生态环境影响的监测分析和效果评估。

海洋牧场是一种新型的、可持续的海洋生产方式，人工鱼礁造成的水体营养物质的高可利用性能够促进海洋牧场初级生产力的提高，但不能将人工鱼礁的投放等同于海洋牧场。在中国的海洋牧场建设中，投放人工鱼礁、增殖放流等经常被等同于海洋牧场建设，传统渔场和海洋牧场的概念混淆。中国海洋牧场的建设实践虽然发展迅速，但由于人工鱼礁选型的不科学，部分海洋牧场出现了礁体漂移和沉陷、掩埋现象（丁金强等，2017）。而海洋牧场的发展理念的争议也一直存在，仅少数海洋牧场的设计中涉及了红树林、海草床、海藻场、珊瑚礁等自然生境的修复（杨同玉等，2005），其中浙江省在 2010 年利用天然岩礁进行了铜藻等大型海藻场的建设实验，2012 年建成面积约为 10 hm^2 的人工藻场修复示范区，青岛即墨大管岛海域的人工鱼礁也进行了大叶藻、海带、鼠尾藻等藻类移植试验，现有牧场的建设仍以增殖经济价值较高的水产品为目的（俞仙炯和余盛艳，2017）。

海洋牧场在减少传统海水养殖带来的污染、维护并改善海洋水生态环境方面的作用并未得到重视。海流、透明度、温度、水深等水文条件，溶解氧（DO）、溶解性正磷酸盐（SRP）、溶解态硅酸盐（DSi）、溶解无机氮（DIN）、悬浮物（SS）、化学需氧量（COD）、叶绿素 a（Chl-a）等水质条件，沉积物粒度、总氮（TN）、总磷（TP）、重金属等底质化学指标，以及浮游植物、浮游动物等初级生产者的生物量和群落结构等海洋牧场环境参数缺乏长期监测，对海洋牧场环境影响的评估仅停留在选址方面。

（2）国外海洋牧场建设对生态环境的影响

近年来，日本的海洋牧场研究开始向深水区域拓展，开展了基于营造上升流、以提高海域生产力为目的的海底山脉的生态学研究，同时开展了超过 100m 水深海域的以诱集和增殖中上层鱼类及洄游性鱼类为主的大型、超大型鱼礁的研发及实践，成效显著。

韩国于 20 世纪 90 年代中后期制定并实施了《韩国海洋牧场事业的长期发展计划》，委托韩国海洋研究院和韩国国立水产科学院，成立海洋牧场管理与发展中心，具体负责该项目的实施工作，明确了海洋牧场计划的施工和管理主体，也建立了一套专门的基金会和管理委员会班子，由权责明确的下属具体实施负责机构进行牧场地理环境和生态特点勘探、选址、建设、繁育、放流、永续维护经营、绩效监督和资源恢复情况评价（马翔，2018）。这种政府主导的、自上而下的制度和技术体系形成的产业链延伸做法，可操作性优势和推广应用价值均较为明显。

1994～1996 年韩国进行了海洋牧场建设的可行性研究，并于 1998 年开始实施“海洋牧场计划”。项目计划初期在东部海域、南部海域和黄海建设几个大型海洋牧场示范基地，在基地内进行各项重点实验，形成系统成熟的经验后，再向全国的其他海域推广。2007 年 6 月统营海洋牧场竣工，取得初步成功后正推进建设其他 4 个海洋牧场（佚名，2018），并将在统营海洋牧场所取得的经验和成果应用到了其他海洋牧场。为了保证海洋牧场的整体实施，韩国政府将未来 30 余年的时间划分为三个阶段，推行“三步走”战略。以已建成的统营海洋牧场为例，建设过程分三个阶段：一是成立基金会和管理委员会，明确管理机构、研究机构、实施机构等；二是增殖放流资源，建设海洋牧场（张晓梅，2012）；三是后期管理和建设结果的分析评估。已建成的统营海洋牧场成效显著。一是该海区渔业资源量大幅增长，已超过 900 t，比项目初期增长了约 8 倍。尤其在建设海洋牧场之前资源量已经减少到近乎绝迹的平鲉，目前资源量已超过 100 t，大大超过了预期目标。二是当地渔民收入不断增加，已从 1998 年的 2160 万韩元提高到 2006 年的 2731 万韩元，增长率达 26%。

美国海洋牧场的发展离不开渔民、企业、社会团体的推动。1935 年，一个热衷于海洋捕捞活动的组织为吸引更多的鱼群，在新泽西州梅角海域附近建造了世界上第一座人工鱼礁。1936 年，里金格铁路公司在所在州的大西洋城疗养中心海域附近建成了美国第二座人工鱼礁。当时建设人工鱼礁的主要目的是休闲游钓和捕捞，并不是以增殖渔业资源为目的。1951 年，美国人在菲伊亚岛及佛罗里达州分别进行了人工鱼礁试验，促进了游钓业和捕捞业的发展。再后来，建礁海域逐渐扩大到美国西部和墨西哥湾，甚至在夏威夷附近海域都能够发现人工投放的鱼礁（佚名，2018）。到 1983 年，美国的人工鱼礁已多达 1200 处，投礁材料也从废旧汽车扩展到废石油平台、废轮船等。在这之中，废石油平台因其体积大、空间广，聚鱼效果非常好。到 2000 年，美国人工鱼礁数量达到 2400 处，带动的游钓人数高达 1 亿人，经济效益达 300 亿美元。据调查统计，建设人工鱼礁后，美国海洋渔业资源是投放前的 43 倍，渔业产量每年增加 500 万 t（李波，2012）。

三、蓝色碳汇研究

（一）国际蓝碳现状及发展趋势

为了维持和巩固蓝碳对全球气候系统的贡献，国际社会积极呼吁通过科学研究、法律、经济等各种手段加强对蓝碳生态系统的保护，维护宝贵的碳汇资源（范振林，2021）。UNEP、FAO 和 IOC 于 2009 年联合发布《蓝碳：健康海洋对碳的固定作用——快速反应评估报告》，确认了海洋在全球气候变化和碳循环过程中至关重要的作用，并重点介绍了盐沼、红树林、海草床三大海岸带蓝碳生态系统，指出这三大蓝碳系统具有固碳量巨大、固碳效率高、碳存储周期长等特点和基本属性（孙吉亭和赵玉杰，2011）。政府间气候变化专门委员会（Intergovernmental Panel on Climate Change，IPCC）于 2014 年 2 月底发布《对 2006 IPCC 国家温室气体清单指南的 2013 增补：湿地》，增补了滨海湿地生态系统等温室气体排放与吸收的估算方法。保护国际基金会（Conservation International，CI）、世界自然保护联盟（International Union for Conservation of Nature，IUCN）等组织于 2014 年 9 月发布的《滨海蓝碳：红树林、盐沼、海草床碳储量和释放因子评估方法》，提供了建立滨海蓝碳清单的勘测、数据获取和估算方法。澳大利亚政府则提议将蓝碳纳入《关于特别是作为水禽栖息地的国际重要湿地公约》（简称《湿地公约》，又称《拉姆萨尔公约》），为蓝碳生态系统的保护和恢复提供管理工具支持，并且投资 800 万澳元建立了蓝碳伙伴关系，为太平洋和印度洋蓝碳保护提供资金（孟庆武和孙吉亭，2016）。

相关国家和国际组织高度重视蓝碳保护工作，还推动将蓝碳纳入《联合国气候变化框架公约》，加入国家温室气体清单和国家信息通报机制，并探索将蓝碳纳入国家发展规划和经济产业政策之中（白煜琦等，2019）。

（二）国内蓝碳现状及发展趋势

我国是海洋大国，主张管辖海域面积约 300 万 km^2，大陆海岸线长约 1.8 万 km，滨海湿地面积达 670 万 hm^2，海洋生态类型丰富。三大海岸带蓝碳生态系统（盐沼、红树林、海草床）是我国大陆最为典型、分布最广、生态功能最为重要的海岸带生态系统，海岸带生态系统的增汇潜力巨大，具备发展蓝碳的优良条件。据不完全估算，我国海岸带蓝碳生态系统生境总面积为 1623～3850 km^2，碳储存量为 34.9 万～83.5 万 $t \cdot a^{-1}$。自 2010 年以来，我国开展了大规模的海洋生态修复工作。2010～2017 年中央财政支持沿海各地实施 270 余个海域、海岛和海岸带生态整治修复和保护项目。截至 2017 年年底，全国累计修复滨海湿地 4100 hm^2，包括盐沼、红树林、海草床等具有碳汇功能的湿地生境，切实提高了我国海洋生态系统的碳汇潜力（范振林，2021）。

中国的蓝碳保护工作与国际社会同步开展，以地方试点的形式进行了有益探索和积极实践。蓝碳资源禀赋丰富的海口、三亚等地分别探索制定《海口市海洋生态系统碳汇试点实施方案（征求意见稿）》《三亚市海洋生态系统碳汇试点方案》（编制中），围绕着海洋本底调查、修复与增汇、碳交易、碳普惠、碳定价等方面提出了具体工作方案（沈金生和梁瑞芳，2018），目的在于有效扩大我国蓝碳规模，提升海洋健康水平，积极推动构建蓝碳交易市场。

四、旅游碳汇研究

（一）国内旅游碳汇研究

自从 1992 年 6 月联合国环境与发展会议上正式通过《联合国气候变化框架公约》开始，人类一直致力于应对温室效应、全球变暖等一系列生态与环境问题（沈金生等，2020）。该公约缔约方自 1995 年开始每年召开缔约方大会，2003 年 12 月在第 9 次缔约方大会上完成了清洁发展机制（clean development mechanism，CDM）中文说明规则谈判，规则对森林、造林、再造林、非持久性、碳计量期、小型碳汇项目等作了专门定义，人们对有着固碳作用的森林更为重视。事实上，国际上对于森林碳汇问题的研究早在 20 世纪 60 年代就已经开始。我国学者从 20 世纪 90 年代开始也涉猎碳汇问题的研究。多数学者认同对“碳汇”概念的认识，认为碳汇本意是指植物通过光合作用将大气中的温室气体二氧化碳吸收并以生物量的形式贮存在植物体内和土壤中，从而减少温室气体在大气中的浓度的过程，进而被引申为实现碳减排的科学方法与过程（沈金生等，2020）。

迄今为止，我国较少有学者对旅游业的碳汇问题展开研究（闫学金和傅国华，2008）。分析起来大致有两个原因：一是旅游业涉及产业门类众多，缺乏主要的研究对象；二是交叉性强，无论是从行业的碳汇技术还是碳汇机制来看，旅游业都属于非生产型的产业类型，从生产源头进行控制存在许多困难。现代旅游活动是现代经济发展的产物，由于旅游产业具有综合性和依附性，单一的研究方法和角度难以解决研究中出现的跨学科的问题（宋一兵，2012）。

《农业部关于创建国家级海洋牧场示范区的通知》中明确提出，从2015年开始逐步在全国沿海创建一批区域代表性强、公益性功能突出的国家级海洋牧场示范区。作为一种环境友好型海洋牧场旅游服务方式，海洋牧场通过人工鱼礁投放、藻礁与藻场建设、增殖放流等技术手段，利用海洋中天然饵料进行海产品培育，实现了对生物资源的养护和补充，有效降低了投入品对海域环境的影响，基本解决了海水污染和过度捕捞带来的资源枯竭及近海养殖引起的病害，具有养护水域生态资源、修复水域生态环境等功能。

（二）国外旅游碳汇研究

《京都议定书》规定了工业化国家的温室气体排放限额。人口多，排放权应该多，而森林作为碳汇资源，森林越多，吸收的二氧化碳越多，其占有的排放权也应该越多（穆通，2013）。

有些国外学者用全球气候的可计算一般均衡（computable general equilibrium，CGE）模型来研究全球气候变化与旅游业的发展模式之间的关系，经过研究认为全球气候的变化已经对旅游业自身发展产生了深远影响，气候的不同导致全球旅游业发展存在极大的差异。还有的国外学者通过研究旅游者的生活习惯和消费习惯对旅游业发展的影响来推断二者之间的关系。旅游者在旅行中的行为直接关系到碳排放量的大小，经研究认为，每一个旅游者都计算在内，每年因为旅游的消耗造成的碳排放量占总排放量的4%，并且这个量还在不断地增长。学者们认为现有的旅游发展不能解决碳排放的问题，需要通过低碳化转型升级才能最终实现旅游业减排的目的（石培华等，2010）。从目前来看，全球气候变暖已经无法逆转，这已经对人类的生存和发展带来了极大的挑战。气候变暖的主要原因之一就是碳排放，要进行低碳旅游的研究，首先就要进行关于大气环境的研究，把低碳旅游纳入环境监测和低碳监测体系之中，通过整体研究，实现局部优化。

五、海洋旅游碳汇研究

我国是一个海洋大国，根据国家海洋局2012年公布的《全国海岛保护规划》，我国拥有面积大于 500 m^2 的海岛 7300 多个，包括 2 个海岛市、14 个海岛县（市、区）和 191 个海岛乡（镇）。目前，随着海洋渔业资源的持续衰退，海岛旅游业已发展成为许多海岛经济收入的重要来源，海洋资源自然是海岛旅游业的重要组成部分（肖建红等，2016），海洋旅游碳汇的研究理应成为海洋旅游资源可持续发展的重要内容。目前为止，国内外还没有针对海洋旅游碳汇的研究，但是一些学者已经着手研究低碳旅游、海洋旅游可持续发展、海岛旅游绿色发展生态补偿等问题，其中也包含海洋旅游碳汇的部分内容。

（一）海洋旅游碳源分析

（1）海洋住宿和餐饮碳排放

海洋住宿和餐饮碳排放指填海建设星级酒店、邮轮住宿和餐饮的淡水资源消耗，包括洗澡、洗漱、洗衣物、洗床上用品、清洗食材、加工过程、餐具清洗等，还有餐饮能源（管道煤气、液化石油气和煤炭）消耗碳排放以及固体废物运输能源消耗和固体垃圾本身碳排放。

（2）海洋交通碳排放

海洋交通碳排放包括邮轮、摩托艇、拖伞等海上交通工具能源（柴油和汽油）消耗碳排放。

（3）海上娱乐项目碳排放

海上娱乐项目碳排放包括海洋公园游玩、潜水、冲浪、帆船、帆板、游泳等海上娱乐项目能源（柴油和汽油）消耗碳排放和淡水消耗（游泳后冲澡等），以及项目建设过程中造成的碳排放。

（4）海产品消耗

海鲜等海产品是吸引游客的特色，游客在海洋旅游消耗各类海产品的过程中造成碳排放。

（5）海洋生态系统服务利用

海洋生态系统服务功能分为供给功能、调节功能、文化功能和支持功能四大类。供给功能是指海洋生态系统为人类提供食品、原材料、基因资源等，从而满足和维持人类物质需要的功能；调节功能是指人类从海洋生态系统的调节过程中获得的服务功能和效益，主要包括气体调节、气候调节、废弃物处理、生物控制、干扰调节等功能；文化功能是指人们通过精神感受、知识获取、主观印象、消遣娱乐和美学体验等方式从海洋生态系统中获得的非物质利益，主要包括休闲娱乐、文化价值和科研价值等功能；支持功能是保证海洋生态系统物质功能、调节功能和支持功能的提供所必需的基础功能，具体包括营养物质循环、物种多样性维持和提供初级生产的功能。在生态系统服务（产品）利用的过程中造成碳排放。

（二）海洋旅游碳汇路径

（1）精确计量碳源消耗

合理的海洋旅游碳汇机制应该建立在精确的碳源消耗计算的基础之上。当前我国旅游行业碳汇发展处于较低水平的原因与这一行业构成复杂、难以精确计量不无关系。因此，科学合理地进行本行业的碳源消耗计算事关重要。

（2）生产消费的“源头”管理

生产性的源头应从海洋旅游活动的开发开始。而标准化、制度化无疑是这一管理的重要前提。从海洋旅游景区、酒店、娱乐项目等旅游活动的基础设施建设开始，严格按照低碳化的生产标准与运营标准，满足建筑物节能减排的要求。使用低碳建筑材料、低碳建筑技术、低碳管理方式和低碳运营手段，最大限度从源头做到节能、环保、低耗、高效。同时，注重提供技术扶持与产业指导，帮助企业在生产经营的开端即进入低碳化与环境保护的正确轨道。改变长时间以来某些地区抱有的“先污染、再治理”或“边生产、边治理”的传统思维模式，将海洋旅游活动的碳减排与科学生产结合起来，使得企业在降低消耗的同时也能减少生产成本，提高生产效率（宋一兵，2012）。

（3）海洋旅游活动的治理

旅游行业的特殊性使得碳汇的计算与碳减排方式差异很大，主要体现在旅游活动中生产经营企业和游客内部均存在较大的个体差别。因此，海洋旅游活动的治理应该在基本的规制之下进行，同时又要充分考虑其中存在的差异性。重要的是，企业不应以低碳旅游活动为借口降低服务游客的水准。低碳旅游本身不应以降低游客生活水平与旅游体验为代价。无论是海洋旅游活动的生产者还是消费者，都应树立低碳消费的正确理念，在生产和消费活动中以绿色、环保、高效为原则，摒弃不健康和高能耗的生产生活方式，践行减碳生活理念（宋一兵，2012）。

（三）海洋旅游碳汇补偿模式的建立

海洋旅游活动实行碳汇补偿主要是指相关部门针对旅游企业和游客在低碳海洋旅游活动中的配合给予一定的回馈与补偿。低碳消耗并不是海洋旅游降低服务水准、减少服务项目的借口，相反，对于游客以降低活动舒适度为代价的低碳服务行为应有明确回馈与补偿。补偿包括物质补偿与非物质补偿两大类，补偿时间也可分为近期、中期、远期 3 种，累积、补偿、回馈，再累积、再补偿、再回馈。碳汇补偿在海洋旅游活动中的实际操作是一项系统工作，应建立以海洋住宿、餐饮业为主体，旅行社或相关旅游企业（如海洋公园、潜水基地）为支撑，游客参与的体系，才能最终实现（宋一兵，2012）。

海洋旅游碳汇问题涉及面广，成效难以在短期内显现或统计，但海洋旅游活动参与企业和游客的点滴作为一定会随着旅游业在国民经济中的地位不断提升而日益显现。

第三章　海洋牧场旅游碳汇评价指标体系

一、海洋牧场旅游碳汇系统组成

海洋是全球最大的碳汇集聚区。随着气候问题的不断加剧和对节能减排要求的不断提升，包括我国在内的一些国家非常重视碳汇和碳排放的平衡与改善。海洋作为地球上最大的“碳库”，参与全球碳循环过程，潜力巨大。海洋碳汇已成为海洋领域研究的新热点。

海洋牧场旅游碳汇，是对海洋牧场生产生活中固碳因素与排碳因素之差的量化。海洋牧场旅游项目包括观光海洋牧场、欣赏滨海景观、海上娱乐活动等，海洋牧场作为海洋牧场旅游的主体场所，其本身用于海水养殖产品产生的碳源和碳汇必然包含在海洋牧场旅游碳汇的讨论范畴中。海洋牧场旅游碳汇的分类，不仅仅是单纯地就碳汇这一方面来讨论，而且需要从汇、源两大系统来考量。由固碳因素构成的即碳汇系统，由排碳因素构成的即碳源系统，在对海洋牧场旅游碳汇的评价中，碳源、碳汇存在许多子系统，增加碳汇、控制碳源应当成为制订指标、构建模型的最终依据。

海洋牧场旅游碳汇、碳源系统，包括旅游者、旅游交通、旅游住宿、旅游活动、旅游环境、海洋生态系统、人工鱼礁等。其中，海洋生态系统碳汇是海洋牧场旅游碳汇的典型代表，一般指海水溶解大气中的二氧化碳（物理溶解度泵）、海水养殖中藻类光合作用（海洋生物泵）以及鱼贝类碳酸盐反应（海洋碳酸盐泵）的固碳行为；旅游环境碳汇一般指海洋牧场旅游景区内除去海洋生态环境之外的陆地生态环境的固碳总量，其中包括滨海湿地、森林、草地等，滨海湿地以盐沼分布最为广泛，红树林、海草床的分布面积较小；旅游者按其旅游行为对生态环境的影响可大致分为三种，即生态型旅游者、一般型旅游者和破坏型旅游者，三者在旅游行为中的碳排放量呈递增趋势；旅游交通碳排放一方面指海洋牧场景区内客流运输过程中交通工具因能源消耗所产生的二氧化碳，另一方面指海洋牧场及旅游的生产生活物资运输过程中能源消耗所产生的二氧化碳；旅游住宿能源消耗主要来自水、电、气的消耗，将住宿设施年消耗的水、电、气按照一定转换系数计算，即可转换为其年能源消耗量，为满足旅游者的基本需求提供住宿及其他服务导致一定量的二氧化碳的产生；旅游活动碳排放即囊括各种海洋牧场旅游活动项目中所产生的碳排放，如海钓、帆船、潜水等。

（一）旅游者

旅游者是一切旅游活动的驱动者，也是旅游活动碳排放的产生者与引发者。因而，欲从根本上降低旅游活动的碳排放，必须提升旅游者的低碳旅游意识，使旅游者由碳排放的产生者、引发者转变为低碳旅游的践行者（杨军辉，2014）。生态型旅游者能增加碳汇，而一般型和破坏型旅游者会增加碳排放。旅游者为满足其旅游需求，在进行吃、住、行、游、购、娱六大旅游活动时消耗电力、石油等能源，能源在燃烧的过程中产生二氧化碳。引导旅游者开展低碳旅游活动，要求旅游者做到就地取材、因地制宜，减少乃至避免在存储、包装、运输等环节产生能耗和排碳量；在旅途中自备餐具，避免使用一次性塑料餐具，这样不仅有利于健康，也能减少化肥、农药、生长激素和添加剂的使用，从而减少排碳量，达到增加碳汇的目的。

（二）旅游交通

从全球来看，旅游交通的能源消耗占到了旅游业总能耗的94%，旅游交通的二氧化碳排放当量占旅游业总排放当量的90%。当今，交通出行的交通工具包括自行车、汽车、火车、高铁、轮船、飞机等，要计算旅游交通能耗以及碳汇，需要确定不同交通方式出游人数、出游距离及各交通方式单位能耗数据（杨军辉，2014）。提高交通碳排放效率，整合各类交通资源，充分发挥重点空港的长途旅游中转功能；从速度、服务、价格、安全性、便捷性等方面完善铁路客运服务，提高铁路在旅游交通运输中的比重。旅游者尽量以徒步、自行车、公共汽车、铁路等相对低碳的旅游交通方式取代自驾车、航空等高碳交通方式。

（三）旅游住宿

旅游住宿设施是碳排放主力军，不同类型旅游住宿设施的能源消耗和二氧化碳排放量是不同的，自助式乡村旅馆、露营地与星级酒店相比，能源消耗与二氧化碳排放量相对较少。在旅游住宿设施招标过程中，我们应该多引进舒适简易的乡村旅馆、露营地等，合理分配各种消费层次的住宿设施，根据游客需求提供针对性的服务，而不是一味提供多而全的高标准服务。

按照商务部《住宿业业态分类（征求意见稿）》，住宿业态根据目标客源的需求不同可分为政（公）务饭店、商务饭店、度假饭店、会议饭店、旅游饭店、主题饭店、精品饭店、交通饭店、长住饭店（公寓）、家庭饭店（旅馆）十大类。根据中国旅游业现状，中国旅游住宿业业态主要包括星级酒店、汽车旅馆、乡村旅馆、度假村等。为了满足游客的入住需求，旅游地各类旅游住宿设施产生的能源消耗的碳排放，主要是化石能源消耗等直接的碳排放以及电力消耗所产生的间接碳排放。

（四）旅游活动

大众化旅游时代来临，旅游活动的方式更加多元化和个性化，旅游活动的类型更加丰富，已有研究表明，旅游活动一般分为观光旅游、休闲度假、商务出差、探亲访友及其他五种类型。不同的旅游活动所排放的二氧化碳量也不一样，需要借助外力驱动设备的体验项目所产生的碳排放量往往要比普通观光休闲活动高出数倍，但这些项目颇受游客欢迎，并且是旅游目的地主要的经济收益来源。针对该情况，开发与管理者在兼顾经济社会生态效益的基础上，应尽量提供低碳旅游产品，让游客能够在旅游过程中做到减少碳排放，多参加植树造林等增加碳汇的活动；经营商应该积极研发低碳旅游商品；游客应该尽量配合少使用一次性餐具，落实垃圾分类回收，自带饮用水，抵制过度包装的商品；餐饮供应商应该尽量选择本地食物作为食材，避免因外来品运输、包装、存储等环节造成的碳排放，而游客更应该入乡随俗，享受乡土的特色佳肴（唐承财，2012）。

（五）旅游环境

现代海洋牧场必须是海陆统筹的，除了海上养殖设施，陆上也要有育苗种场、环境监测中心与之配套。旅游环境内容广泛，按不同的分类条件可以划分为不同的类型。科学创造低碳旅游环境，加强森林、草地等碳汇资源保护与利用，营造与培育碳汇旅游体验环境，积极构建低碳旅游吸引物，为开展低碳旅游产品项目建设提供物质基础。

除了森林草地，滨海湿地是旅游环境中的重要组成部分。滨海湿地是由沿海盐沼、红树林和海草床组成的湿地生态系统。盐沼、红树林和海草床等具备很高的单位面积生产力和固碳能力，是滨海湿地蓝碳的主要贡献者。由于受到海水周期性潮汐淹没的影响，滨海湿地的碳汇功能强大，对降低大气二氧化碳浓度、减缓全球气候变化过程起重要作用。这些滨海湿地生态系统所固存的碳被称为海岸带“蓝碳”。滨海湿地生态系统相比于陆地生态系统的优势在于极大的固碳速率，以及长期持续的固碳能力。在滨海湿地生态系统中，存在植物光合作用、动植物呼吸作用、微生物分解作用，该生态系统的植物光合作用量很大，所以其固碳能力很强，其储碳机制主要是沉积物厌氧环境对有机质分解的抑制作用下，大量植物残体能够较长期地被保存。

（六）海洋生态系统

（1）物理溶解度泵

物理溶解质泵（solubility pump，SP）指发生在海−气界面的 CO_2 气体交换过程和将 CO_2 从海洋表面向深海输送的物理过程。大气中的 CO_2 进入海洋后，在海−气界面通常存在一个 CO_2 浓度梯度，在大气和洋流的综合作用下，界面上进行着大量 CO_2 交换。CO_2 从大气中溶入海水的过程称为物理溶解度泵，物理溶解度泵是对海水溶解吸收大气中 CO_2 的总称（石洪华等，2014）。CO_2 溶于海水的物质存在形式有：气态型、水溶型、碳酸、碳酸根、碳酸氢根等，其中碳酸氢根占主要成分。海水中吸收碳的含量与海洋生物分布、大陆径流、海陆空交换、固体悬浮物质和海洋沉积物等有密切关系，具有明显的区域分布和垂直分布。当表层海水的 CO_2 分压小于大气的 CO_2 分压时，海水从大气中吸收 CO_2，反之，海水向大气释放 CO_2。一般情况下，高纬度低温海域的海水吸收大气中的 CO_2，低纬度高温海域则相反，最终结果是海洋整体从大气中吸收少量 CO_2，并以不同形式固定在海洋中。

（2）海洋生物泵

海洋生物泵（biological pump，BP）指浮游植物通过光合作用吸收碳并向深海和海底沉积输送的过程。海洋浮游植物每年通过光合作用捕获的 CO_2 超过了 36.5 Pg C。浮游动物的活动是控制大洋海水中颗粒碳沉积的主要因素。进入海洋的 CO_2 被浮游植物和光合细菌通过光合作用固定转变为有机碳从而进入海洋生态系统，碳在海洋生态系统食物网中经过层层摄食最终以生物碎屑的形式输送到海底，从而实现了碳的封存，封存的碳在几万甚至上百万年时间内不会再进入地球化学循环，这一过程被称为海洋生物泵（Riebesell et al.，2000）。海洋生物泵是海洋碳循环中最复杂的，浮游植物和好氧光合细菌通过光合作用固定无机碳，每年大约有 45 Gt C 被固定转化为有机碳。海洋生态系统的碳循环过程主要通过海洋生物泵完成，而浮游生物的初级生产力是这一过程的起始环节和关键部分。浮游生物固碳强度与潜力可用初级生产力来表征。叶绿素是浮游生物进行光合作用的主要色素，也是海洋中主要初级生产者（浮游生物）现存量的一个良好指标。

海洋牧场养殖的生物，如养殖的大型藻类，包括海带、石莼、裙带菜、江蓠，会通过光合作用将水中的无机碳化合物转化为有机碳化合物，并能从海水中吸收碳酸盐等溶解的营养盐。大型海藻可有效增加海洋固碳能力，增加海洋负排放，减缓全球变暖，又可防治近海富营养化、海洋酸化、有害藻华等环境问题（杨宇峰等，2021）。大型海藻固碳潜力预测显示，全球陆架区大型海藻固碳潜力每年可达 0.7 Gt，约占全球海洋年均净固碳总量的 35%。因此，大型海藻和浮游植物提高了海洋初级生产力，有助于全球碳、氧和养分循环。

（3）海洋碳酸盐泵

海洋碳酸盐泵（carbonate pump，CP）是贝类、珊瑚礁等钙质海洋生物对碳的吸收、转化和释放过程，此外，钙质骨的鱼类在滤食过程中也会发生相似的碳酸盐反应，从而产生碳汇。海洋碳酸盐泵的作用机理类似于喀斯特岩溶地貌岩石碳汇的化学风化作用，它们经历着大致相同的化学反应，即碳酸钙在流水催化下的吸收碳过程。贝类形成碳汇主要有两种方式：一是贝壳生长所利用的碳，海水贝类在养殖过程中，可以利用海水中的碳酸氢根形成躯壳，主要成分为碳酸钙；二是贝类软组织生长所利用的碳，贝类软组织的生长主要是通过滤食水体中的悬浮颗粒有机碳，实现个体软组织生长，并固定水体中的碳（岳冬冬和王鲁民，2012）。

（七）人工鱼礁

人工鱼礁是人为投放在海中的工程构件，可为海洋生物提供索饵场、育幼场等生境，具有环境修复和资源养护的功能。通过在人工鱼礁区进行藻类移植、增殖放流形成规模化的海洋牧场，海洋生物的种类、数量明显增加，且人工鱼礁海区的增养殖生物以海域天然饵料为食，无须人工投饵，是绿色、低碳渔业生产模式的典型代表。作为一定程度上受人为调控的近海特殊生态系统，人工鱼礁生态系统在增加海洋碳汇方面有着明显的有利因素：通过修复环境而提升的海区初级生产力、藻类光合作用对 CO_2 转化量的增加及增养殖物种生物体固碳量的增多，都极大地提高了海区的固碳能力（李娇等，2013）。在人工鱼礁增养殖海区，由于礁体为底栖附着生物提供良好的附着基，牡蛎、海螺、藤壶等自然附着生物大量滋生，软体类附着生物的钙化作用将海水中溶解的无机碳转化成碳酸钙壳体，这些被固定的无机碳在礁体上不断积累，在一定时期内形成碳封存。礁区增养殖物种如经济鱼类、贝类、刺参等的捕获则将大量的生物碳从水体中移出，以经济产品的形式完成对海洋中碳的固定；同时，海洋生物的骨骼、排泄物、分泌物及其残饵等颗粒有机碳的沉降加速碳的沉积。人工鱼礁建设可有效扩增海区的生物固碳能力，增加海洋碳汇。

二、海洋牧场旅游碳汇评价指标体系构建

（一）评价指标选取原则

（1）系统性原则

各指标之间要存在相应的逻辑关系，不但要从不同的角度反映碳源系统、碳汇系统等子系统的主要性状和特质，而且要反映源-汇系统之间的内在关联。每一个子系统由一组指标构成，各指标之间相互独立，又彼此联系，共同组成一个有机统一体。指标体系的构建具有系统性，自上而下，从宏观到微观，层层深入，形成一个系统的评价体系。

（2）典型性原则

必须确保评价指标具备典型性，尽可能准确地反映出海洋牧场旅游碳汇机制的综合特征，即使在指标数量减少的情况下，也要优化算法以及提高结论的权威性。另外，评价指标体系的设置、权重在各指标间的分配及评价标准的划分都应该与海洋牧场的自然和社会经济条件相适应。

（3）动态性原则

源-汇效益的平衡发展需要通过一定时间尺度的指标才能反映出来，如果只关注源-汇的现状差距，忽视时间尺度上的源-汇增减，指标体系评价的结果就可能与现实相差甚远。因此，指标的选择要充分考虑到动态的变化，收集季度或年度尺度上的变化数值。

（4）简明科学性原则

各指标体系的设计及评价指标的选择必须以简明科学性为原则，能客观真实地反映海洋牧场旅游碳汇及碳源的特征和情况，能客观全面地反映各指标之

间的真实联系。指标选取不能过多过细，使指标过于繁琐、互有重复，又不能过于简陋，避免关键信息遗失，出现错误、不真实的情况。

（5）可比性、可操作性、可量化原则

指标选择上，要特别注意在总体范围内的一致性，指标体系的构建是为区域政策制定和科学管理服务的，指标选取的计算量度和计算方法必须统一，各指标尽量简单明了、微观性强、便于收集，各指标应该具有很强的现实可操作性和可比性，而且，选择指标时也要考虑能否进行定量处理，便于进行数学计算和分析。

（6）综合性原则

海洋牧场碳的源-汇平衡是建设海洋牧场旅游的首要前提，也是综合评价海洋牧场旅游碳汇的重点。在相应的评价层次上，指标体系应涵盖源-汇系统的全部要素，全面考虑影响碳源、碳汇系统的多种因素，了解海洋牧场源-汇平衡的内在机理，并进行综合性的分析和评价。

（7）客观性原则

海洋牧场旅游碳汇评价指标体系的选取一定要建立在客观性的原则上，要尊重海洋牧场旅游设施及条件的客观性，所选取的指标要能客观反映海洋牧场的旅游条件、数量和质量，从而使评价结果能更客观、更真实、更符合事实现状。

（8）易获性原则

选取的指标体系一定要在现阶段较容易获取，争取做到指标体系的踏实落地。可以通过查阅资料、现场勘测或者实验方法来获得，获得的数据要尽量准确并且易于后续的计算。指标要尽可能利用第一手资料，这样才能保证指标体系的真实和客观。

（二）评价指标选择与分析

海洋牧场旅游碳汇系统庞大而复杂，要想完全正确地计算海洋牧场碳汇能力非常困难，并且关于海洋牧场旅游碳汇量至今鲜有学者研究，因此，本书尝试从旅游碳汇和海洋牧场两个方面的研究入手，结合实际情况，根据评价指标的选取原则构建评价指标体系。关于旅游碳汇，本书认为，在某种意义上，减少碳排放也算作碳汇量的增加，国内外学者对旅游业的碳源部分（碳排放）进行了大量的研究，包括旅游者、旅游交通、旅游住宿、旅游活动、旅游环境等。关于海洋牧场，本书在结合前人研究的基础上，通过物理溶解度泵、海洋生物泵、海洋碳酸盐泵、人工鱼礁等子系统，提出了测算海洋牧场旅游碳汇能力的方法和不断增强旅游目的地或旅游区的碳汇能力的建议。

（1）旅游者

大众旅游时代到来，旅游者素质存在差异，可根据旅游者在旅游全过程中对环境的旅游行为将其划分为生态型旅游者、一般型旅游者和破坏型旅游者。不同类型的旅游者碳排放量差别较大，不可忽视。旅游者在吃、住、行、游、购、娱活动中的碳排放量的汇总是一重要子系统。

旅游者人数的多少决定了旅游碳排放的总量大小，而不同类型旅游者数量在总人数中的比例则深刻地影响着旅游活动的环境友好程度，进而影响碳排放的节能力度。通过生态型、一般型、破坏型三种旅游者的比例以及旅游者人数来测算旅游者的碳汇能力。

（2）旅游交通

准确计算旅游交通的碳排放量对旅游生态系统具有重要意义。目前，自驾游、组团旅游等乡村旅游形式使得我国居民的出游形式日渐多样化，与此同时，交通工具的选择自然也就增多，交通工具主要通过消耗燃料排放 CO_2。本节通过交通方式、交通距离、景区绿道三个指标去量化旅游交通的碳排放过程。

交通方式：热带海洋牧场旅游交通方式分为两部分，外界进入海洋牧场的外部旅游交通方式有飞机、高铁、汽车等，海洋牧场景区内部旅游交通方式有轮船、电动车等。不同的交通方式所产生的碳排放量不同，根据前人的研究基础，计算在旅游过程中所使用的不同类型交通工具的能源消耗，进而计算出旅游者的旅游交通碳排放量。

交通距离：旅游交通碳排放一方面就是旅游者从客源地到目的地旅行中所乘坐的交通工具在一定距离所消耗的能源造成的 CO_2 排放量，因此旅游者从客源地到目的地的距离影响着旅游交通碳排放的多少；另一方面指当地居民在景区维持正常生活并且为满足游客交通在旅游景区内使用的交通工具所消耗能源产生的 CO_2 排放量。

景区绿道：景区绿道能引导游客在景区游览过程中采取步行方式，减少交通工具的使用，提高景区绿道覆盖率能有效减少景区内的交通碳排放。

（3）旅游住宿

旅游住宿设施是碳排放主力军，旅游住宿碳排放指在旅游活动中不同的住宿设施所消耗的能源产生的 CO_2 排放量。建筑材料、住宿设施类型、出租率、经营理念是影响旅游住宿碳排放的重要因素。

建筑材料：建筑材料碳汇是一种人工性质的碳汇，在海洋牧场旅游建设中，合理配置混凝土的水灰比、水泥用量与混凝土掺合料，比较筛选低碳生态的建筑材料，在兼顾建筑环境因素与围护结构的同时达到最佳的碳汇效果。除了混凝土，有的住宿类型还采用其他的建筑材料，如房车营地直接使用房车、森林木屋使用木头材料、茅草屋使用茅草材料、家庭旅馆利用砖头木头盖的瓦房、游牧民族的房子使用蒙古包等。

住宿设施类型：热带海洋牧场住宿业主要包括星级酒店、民宿、乡村旅馆等。根据前人在住宿业的碳排放的研究基础上，通过计算各类住宿设施的碳排放量，来反映海洋牧场旅游住宿的碳汇量。

出租率：通过平均出租率可以计算出床位数、营业天数等数据，结合各类住宿设施的单位碳排放系数，估算海洋牧场旅游景区内旅游住宿碳排放。

经营理念：住宿设施经营理念也会使旅游者在旅游住宿的过程中产生不同的碳排放量。例如，减少提供一次性日用品，使用可降解材料包装，尽可能地提示客人减少床上用品的换洗频率，实施垃圾分类回收、纸张双面使用等减少浪费的小举措，充分调动游客的低碳环保意识，使其积极配合低碳旅游住宿工作的开展（唐承财，2012）。

（4）旅游活动

游客参与旅游活动的三大条件为闲暇时间、可自由支配收入与出游动机。人们发现，出游动机的不同往往会导致碳排放量的不同。大众旅游时代，2020年国内旅游人次达到28.79亿人次，并且新冠肺炎疫情前呈逐年上升的趋势，游客在开展旅游活动过程中产生了大量的二氧化碳。因此，通过开展旅游活动类型及旅游人数占比，计算旅游活动的能源消耗以及二氧化碳排放量，对于生态环境的保护与旅游可持续发展尤为重要。

海洋牧场旅游活动包括陆地玩乐、海上娱乐和海底项目。陆地玩乐包括环岛游等，可在服务区、旅游景点等地区游览观光，海上娱乐包括动感飞艇、摩托艇、彩虹拖伞、大飞鱼、小飞鱼、小帆船、香蕉船、平台海钓、滑板冲浪等，海底项目包括水底漫步、珊瑚礁潜水等。这些旅游活动能满足游客追求新奇刺激的需求。游客在开展不同的旅游活动时，会产生不同量的二氧化碳，因此，根据前人研究，通过开展各类旅游活动的旅游人数比例计算海洋牧场旅游活动的碳汇量。

（5）旅游环境

大多数研究者都认为旅游环境是游客选择旅游目的地时的首要考虑因素，

而自然环境是旅游环境系统的主要构成要素之一，自然环境是旅游环境的基石，有了自然环境才能衍生出其他旅游环境。因此，根据研究区的自然生态环境、旅游资源和景观格局分析旅游环境，本书定义热带海洋牧场旅游环境：以游客的生理感知为主，影响其旅游活动过程的滨海湿地、森林、草地等自然环境成分的有机陆海统筹系统（王国新，2004）。

滨海湿地：滨海湿地是海岸带蓝碳生态系统的主体，提高其蓝碳碳汇的生态系统服务功能是重要的基于海洋的气候变化治理手段。在滨海湿地生态系统中，盐沼、红树林和海草床等具备很高的单位面积生产力和固碳能力，是滨海湿地蓝碳的主要贡献者。盐沼湿地有着较高的碳沉积速率和固碳能力，在缓解全球变暖方面发挥着重要作用。同时，盐沼湿地还具有物质生产、生物栖息、净化水体、干扰调节等众多生态服务功能，有较高的生态及经济发展价值。红树林湿地可以通过光合作用吸收大气中的二氧化碳并将其固定在植被或土壤中，红树林碳汇能力为热带雨林的 50 倍，红树林湿地固碳量由植被固碳量和土壤固碳量组成。我国海草床面积约为 8765.1 hm^2，海草类型多样且分布范围较广泛，我国海草床总储碳量约为 0.035 亿 t 二氧化碳（李捷等，2019）。因此，滨海湿地碳汇是盐沼、红树林、海草床碳汇量的总和。

森林植被：森林植被通过光合作用吸收二氧化碳，放出氧气，把大气中的二氧化碳以生物量的形式固定在植被和土壤中，这个过程和机制实际上就是清除已排放到大气中的二氧化碳，因此，森林具有碳汇功能。它是目前世界上最为经济的“碳吸收”手段，是应对气候变化的最佳途径。

草地植被：研究区内用于植物资源开发利用（包括牧草、草坪、花卉、能源植物以及其他用途的植物），主要通过草地植物吸收大气中的二氧化碳，并将其固定在植被或土壤中，从而减少该气体在大气中的浓度。有关资料介绍，初步估计，世界范围内的陆地生态系统碳储量，森林占 39%～40%，草地占 33%～34%，农田占 20%～22%，其他占 4%～7%。对草地进行合理开发，同时为研究区带来经济效益，提高生态环境效益与人们保护草地的积极性。

（6）海洋生态系统

海洋生态系统对二氧化碳的吸收是通过基于物理化学作用的海洋碳酸盐泵和基于生物作用的海洋生物泵机理共同完成的，但经碳酸盐泵固定的碳极易因后续的物理化学作用而重新转化为温室气体排放到大气中，只有经海洋生物泵的固定且转化为有机碳的部分会伴随食物链向下传递从而长期封存在深海中。

物理溶解度泵：物理溶解度泵固碳能力估算常采用测算海-气界面 CO_2 交换通量的方法而获得。海-气界面 CO_2 的源和汇主要是由表层海水 CO_2 分压的分布变化引起的，间接受到海水温度、生物活动和海水运动等因素的影响。海-气界面 CO_2 交换通量代表海洋吸收或放出 CO_2 的能力，因此，准确估算海-气界面 CO_2 交换通量对深入理解海洋碳循环及预测大气 CO_2 变化具有重要意义。

海洋生物泵：海洋生态系统的碳循环过程主要通过海洋生物泵完成，这一过程又分为有机碳泵和碳酸盐泵。通常所说的海洋生物泵仅指有机碳泵，浮游植物及大型藻类等的初级生产是这一过程的起始环节和关键部分。浮游植物通过光合作用将海水中溶解的无机碳固定成为有机碳，经食物链传递后沉降到海底储存，进而降低了海水 CO_2 分压，促进了大气 CO_2 向海水扩散溶解。基于此原理，浮游植物固碳量等于评价海域的水域面积乘以单位面积水域吸收二氧化碳的量。大型海藻栽培具有成本低、产量高、碳汇可计量、栽培可控性强等优势，因此本书选择浮游植物与大型海藻的碳汇量作为海洋生物泵的碳汇总量。

海洋碳酸盐泵：为了完成自身的生长需要，贝类通过形成躯干（俗称贝壳）和软组织两种方式，实现对海水水体中碳的吸收和固定。根据中国渔业年鉴统计，2019 年贝类海水养殖产量 1438.97 万 t，主要品种是蛤类、牡蛎、扇贝、贻贝，四大品种产量占贝类总产量的 80%以上。由此可见，贝类养殖规模之大，并且逐年产量呈增长趋势，其固碳作用尤其重要，因此通过贝类养殖年产量来计算海洋碳酸盐泵的碳汇量。由于同种贝类身体组织和贝壳中的碳含量占自身重量的比重基本不会随海域与环境的改变发生明显差异，因此借鉴相关研究成果所得参数，通过确定贝类中软组织和贝壳的含碳量以及产量可计算海洋牧场养殖的贝类的总碳汇量。

（7）人工鱼礁

人工鱼礁增养殖业通过投放人工构造物为水生生物提供适宜的栖息地，礁区增养殖生物以海区自然饵料为食，无须人工投喂，既不会造成养殖污染又可逐步修复生态环境，增殖渔业资源，提高海洋生物的经济价值和海区的生物碳汇功能。人工鱼礁生态系统中的鱼礁材料可实现碳封存，生态系统环境的改善可提升礁区的初级生产力，增加光合作用的固碳量，并为其他海洋生物提供丰富的饵料，使礁区渔业资源种类和生物量得到恢复，最终通过经济性渔业资源的捕获实现碳移出。前人研究表明了人工鱼礁建设对海区浮游植物初级生产力的提升能力，并且藻礁附着的大型海藻会扩增海洋牧场碳汇能力，但海洋生物泵已计算大型海藻与浮游植物的碳汇量，因此人工鱼礁子系统不再包含这两种生物。随着礁体投放的时间变长，鱼礁表面会附着大量贝类，贝类具有强大的固碳能力。人工鱼礁投放可明显改善海区生态环境，恢复海区自然物种的资源量，并通过人工增殖放流经济物种扩增生物量，充分发挥礁区生态系统的经济价值。同时，增殖经济物种的捕捞则将大量生物碳以海产品的形式从海洋中取出，提升了该海区的生物固碳能力。根据《全国海洋牧场建设规划（2016—2025)》(征求意见稿）得知，经过 30 余年的发展，全国建成海洋牧场 233 个，用海面积超过 852.6 km^2，投放鱼礁超过 6094 万 m^3 •空，年度固碳量 19.4 万 t，产生生态效益 603.5 亿元。随着科技的进步，人工鱼礁的礁体、礁体的形状设计、投放规模等都使人工鱼礁的生态修复能力与经济效益发生了很大的改变。

礁体材质：人工鱼礁建造材料包括混凝土、木材、钢板、塑料、石块、轮胎、玻璃、贝类礁以及废弃的轮船、火车等。混凝土由于其结构稳定，是应用最广泛的人工鱼礁材料之一。由于礁体材质的不同，海洋环境的生态修复及影响也会随之产生差异。

礁体构造：人工鱼礁现有的礁体构造包括方架体、正八面体、正方体、箱体、扭转体、圆筒体、六角形组合体、塔形组合体、六面组合体等。

投放规模：空立方米是人工鱼礁礁体投放规模的单位，海洋牧场人工鱼礁投放规模越大，产生的生态效益与经济效益越明显，因此，投放规模也是影响人工鱼礁碳汇量的主要因素。

（三）评价指标体系确定

海洋牧场旅游碳汇系统具有复杂性、完整性和综合性的特点，应从多角度对海洋牧场旅游碳汇进行分析。本书以系统科学为基础，以热带海洋牧场旅游业的良性循环发展为目标，构建海洋牧场旅游碳汇评价指标体系如表 3-1 所示。

表 3-1 海洋牧场旅游碳汇评价指标体系

一级指标	二级指标	量化说明
旅游者	旅游者类型	生态型、一般型、破坏型旅游者占总人数比例
	旅游者人数	参与旅游活动排碳的旅游者数量

续表

一级指标	二级指标	量化说明
旅游交通	交通方式	不同交通方式占总出行次数比例
	交通距离	客源地到目的地、景区内部的交通距离
	景区绿道	海洋牧场景区内人行步道覆盖率
旅游住宿	建筑材料	不同建筑材料的碳吸收潜力
	住宿设施类型	海岛不同类型住宿设施数量
	出租率	不同住宿设施的床位数以及出租率
	经营理念	住宿设施低碳生态经营理念
旅游活动	活动类型	陆地玩乐、海上娱乐和海底项目
	旅游人数	各类旅游活动类型的旅游人数占比
旅游环境	滨海湿地	盐沼、红树林、海草床等碳汇量总和
	森林植被	研究区内森林植被总面积
	草地植被	研究区内草地植被总面积
海洋生态系统	物理溶解度泵	利用海-气界面 CO_2 分压计算溶解 CO_2 量
	海洋生物泵	浮游植物、大型藻类的碳汇总和
	海洋碳酸盐泵	钙质骨鱼类、贝类的碳汇总和
人工鱼礁	礁体材质	混凝土、木材、钢板、石块等材料的碳汇量
	礁体构造	不同礁体构造的碳汇量
	投放规模	人工鱼礁的总体规模

第四章　热带海洋牧场旅游碳汇数据处理流程

一、数 据 来 源

（一）旅游者

（1）旅游者类型

旅游者类型可分为生态型旅游者、一般型旅游者和破坏型旅游者三类，不同类型旅游者占总人数的比重可反映旅游者群体的环境友好程度。为获取各类型旅游者占总人数比重，需要运用问卷调查、访谈法和观察法，以一个旅游地为样本进行抽样调查，从随机抽取的若干名旅游者中（总人数已知）划分三种类型并分别计算占比，进而了解该旅游地旅游者群体的碳排放水平。

（2）旅游者人数

此处“旅游者人数”特指在旅游活动中参与碳排放的旅游者数量，实际上大多数情况下参与旅游活动都会产生碳排放，所以此“旅游者人数”可近似于广义的、传统意义上的旅游者人数。旅游者人数可以通过国家统计网站、旅游统计年鉴和旅行软件的后台数据获取，也可参考景区入口调查数据。

（二）旅游交通

（1）交通方式

热带海洋牧场的主要旅游交通方式有轮船、汽车、电动车等。不同的交通方式所产生的碳排放量不同，在前人的研究基础上，计算在旅游过程中使用的不同类型交通工具的能源消耗，进而计算出旅游者的旅游交通碳排放量。通过游客问卷调查，或从旅行网站和旅行软件的后台数据中获取游客到达旅游地所使用的交通工具，统计不同交通方式占总旅行人次的比例，可以评估旅游地的可达性和交通碳排放水平。

（2）交通距离

客源地到旅游目的地的距离不同，客流交通所产生的碳排放也必然不同，乘坐相同的交通工具，距离越长碳排放越高。通过游客问卷调查，或从旅行网站和旅行软件的后台数据中获取旅游地所有主要客源地的位置信息，并从地图网站和地图软件中获取客源地到旅游目的地的路线和相应的交通距离。

（3）景区绿道

景区绿道能引导游客在景区游览过程中采取步行方式，减少交通工具的使用，提高景区绿道覆盖率能有效减少景区内的交通碳排放。绿道覆盖率即景区绿道面积与景区总面积之比。

（三）旅游住宿

（1）建筑材料

旅游地的建筑材料信息可以通过实地调查获取，不同的建筑材料有着不同的碳汇效益，在前人的研究基础上整理出不同建筑材料的碳汇能力，进而分析其碳吸收潜力。

（2）住宿设施类型

旅游地的住宿设施信息可以通过网站浏览和实地调查获取，不同类型住宿设施的能源消耗和二氧化碳排放量是不同的，省域尺度的能源消费数据来源于《中国能源统计年鉴》，景区尺度的能源消费数据来源于实地调查和访谈。在前人住宿业碳排放研究的基础上，通过计算星级酒店、度假村等各类住宿设施的碳排放量，来反映海洋牧场旅游住宿的碳汇量。

（3）出租率

住宿设施平均出租率可以通过实地调查、旅行网站和旅行软件后台数据获取，通过平均出租率可以计算出床位数、营业天数等数据，结合各类住宿的单位碳排放系数，估算海洋牧场旅游景区内旅游住宿碳排放。

（4）经营理念

住宿设施经营理念是一个抽象的概念，诸如减少提供一次性日用品、使用可降解材料包装、尽可能地提示客人减少床上用品的换洗频率、实施垃圾分类回收及纸张双面使用等举措都能体现住宿设施的低碳经营理念。住宿设施经营环境友好程度的评估需要实地的调查和考核。

（四）旅游活动

（1）活动类型

海洋牧场旅游活动包括陆地玩乐、海上娱乐和海底项目。通过景区的实地调查，得知海洋牧场景区的各种旅游活动，并做好归类，以便开展对游客数量的调查。

（2）旅游人数

通过问卷调查或者抽样调查法，计算出各类型活动旅游者的占比，从而反推出参与各类型旅游活动的游客数量。

（五）旅游环境

（1）滨海湿地

不同的滨海湿地和海岸带，通常存在盐沼、红树林或海草床等具备很高的单位面积生产力和固碳能力的生物，是海岸带蓝碳的主要贡献者，在抑制大气CO_2升高、缓解全球变暖方面发挥着重要作用。因此，滨海湿地的碳汇量为盐沼有机碳储量、红树林湿地植被固碳量、红树林土壤固碳量与海草床碳汇的总和。数据主要来源于测定，测定方法主要有收获法、样地实测法、模型模拟法等。

（2）森林植被

森林植被数据来源于全国森林资源连续清查数据，我国每隔 5 年进行一次全国资源清查，包括各类林地面积、各类林木蓄积、起源结构、林种结构、森林权属、森林分类、龄组结构、树种结构、森林覆盖率、活立木蓄积量等，数据丰富，类型多样，可为研究提供强大的数据支撑。最近一期为《中国森林资源报告（2014—2018）》，可在国家林业和草原局政府网进行查询并下载，以便开展研究。

（3）草地植被

本书植被类型、土地利用类型数据均来源于中国科学院资源环境科学与数据中心（http://www.resdc.cn）。根据中国科学院植物所制作的 1∶1 000 000 植被图，得出研究区域内各种草地植被类型。

（六）海洋生态系统

（1）物理溶解度泵

海-气界面CO_2交换通量指的是单位时间单位面积上CO_2在大气和海洋界

面的净交换量。估算海–气界面 CO_2 交换通量的方法一般分为两类，一类为包括放射性同位素 ^{14}C 示踪法、碳的稳定同位素比率法、通过测量大气 O_2 的镜像法等基于物质守恒原理在全球尺度上估算海–气界面 CO_2 交换通量的方法；另一类分别测量海水和海水表层大气中的 CO_2 分压，结合 CO_2 海–气交换速率来实测海–气界面 CO_2 交换通量。表层海水 CO_2 分压的测量手段包括船载走航测定的水气平衡的非色散红外法、浮标原位时间序列观测的化学传感器法及大时间空间尺度观测的遥感法（石洪华等，2014）。海–气界面 CO_2 交换通量观测方法比较如表 4-1 所示，数据主要来源于实地调研。

表 4-1　海–气界面 CO_2 交换通量观测方法比较

海–气界面 CO_2 交换通量观测方法	工具	测定主要参数	空间尺度	使用范围
走航法	科研调查船、志愿船	表层海–气界面 CO_2 分压 温度、盐度、溶解氧含量和叶绿素 a 浓度 气压、风速、风向等气象参数	海–气界面小尺度	某一海域
浮标法	锚系、漂流浮标	表层海–气界面 CO_2 分压 温度、盐度、溶解氧含量和叶绿素 a 浓度 气压、风速、风向等气象参数	海–气界面小尺度	某一海域
遥感法	卫星	海面风场和海面高度 叶绿素 a 浓度、初级生产力含量、海表温度等	大尺度	某一海域或全球
走航法–浮标法–遥感法	科研调查船和志愿船、锚系和漂流浮标、卫星	表层海–气界面 CO_2 分压 温度、盐度、溶解氧含量和叶绿素 a 浓度 气压、风速、风向等气象参数	空间尺度	极区或全球

资料来源：（石洪华等，2014）。

（2）海洋生物泵

海洋生物泵碳汇量为浮游植物、大型藻类的碳汇总和。

浮游植物：数据来源于现场观测与遥感反演。现场观测指的是在观测海域的不同位置设置站点，在不同时间段到站点现场收集水体样品，通过一定的处理得到叶绿素 a 浓度。而遥感反演是利用遥感技术测定海面浮游植物叶绿素 a 浓度。随着空间探测技术的进步，卫星技术的发展十分迅速，高空间分辨率、高时间分辨率和高光谱分辨率的卫星不断涌现。卫星遥感具有及时、准确、动态和大面积覆盖的特点，因而已逐渐成为研究大时空尺度海洋现象的有效手段。

大型藻类：全国或者省域范围的海水养殖规模以及大型藻类的产量来源于《中国渔业统计年鉴》，《中国渔业统计年鉴》中有海带、裙带菜、紫菜、江蓠、麒麟菜、石花菜、羊栖菜、苔菜的统计数据，市县区域的海水养殖规模以及大型藻类的产量来源于当地的海洋与渔业局。通过大型藻类的产量以及含碳量可以计算养殖的藻类固定的碳。

（3）海洋碳酸盐泵

全国或者省域范围的海水养殖规模以及贝类的产量来源于《中国渔业统计年鉴》，《中国渔业统计年鉴》中有牡蛎、鲍、螺、蚶、贻贝、江珧、蛤、蛏的统计数据，市县区域的海水养殖规模以及贝类的产量来源于当地的海洋与渔业局。由于同种贝类身体组织和贝壳中的碳含量占自身重量的比重基本不会随海域与环境的改变发生明显差异，因此借鉴相关研究成果所得参数。通过确定贝类中软组织和贝壳的含碳量以及产量可计算海洋牧场养殖贝类的总碳汇量。

（七）人工鱼礁

人工鱼礁固碳量的主要来源为增殖放流的生物以及礁体附着生物的可移出碳汇。增殖放流的生物量和礁体附着生物的产量可通过当地海洋与渔业局获取，或者通过实地采样估算人工鱼礁的固碳量。人工鱼礁的投放位置、礁体材质、礁体构造、投放规模等数据通过海洋牧场管理单位获取。

二、数据处理思路

（一）旅游者

旅游业是以旅游者旅游消费活动为中心的社会经济产业类型，每位旅游者在旅游消费活动各环节都伴有大量碳消耗，基于生命周期的旅游者碳排放分析（life cycle analysis of tourist carbon footprint，TCF-LCA）就是检查、识别和分析旅游者从客源地出发至完成旅游返回客源地的一次完整旅程中的吃、住、行、游、购、娱各环节中资源、能源消耗的碳排放当量以及对环境所造成的影响。

（二）旅游交通

当前，碳排放量的计算方法主要有两大类：一种是基于“自上而下”的投入产出分析方法，从宏观角度来计算目标物的碳排放总量；另一种为“自下而上”的过程分析方法，从微观分解角度来计算目标物的碳排放总量。

旅游交通一般采取“自下而上”的过程分析方法，通过在旅游全过程中，不同交通方式所消耗的能源，结合能源的碳排放系数，测算旅游交通的碳排放量。

（三）旅游住宿

旅游地各类住宿设施产生的能源消耗的碳排放主要是化石能源消耗等的直接碳排放以及住宿设施主体建筑建设过程中所产生的间接碳排放。旅游住宿碳排放有实地调查法和碳排放系数法两种计算方法。

住宿业直接用能主要指住宿设施在运营期间所消耗的电力、煤炭、液化石油气、石油燃料、天然气、蒸汽和木料等能源，不同住宿设施类型的直接用能碳排放量有较大的差异，规模越大、设施越豪华、服务项目越多则能耗越大。其中，酒店特别是高星级酒店的直接能耗最大，因此得到了学术界较多的关注。

住宿业间接用能碳排放主要是指住宿设施主体建筑建设过程中，建筑材料生产、运输、施工过程以及施工废弃物处理的温室气体排放，建筑物内外装修（包括卫浴等设施）中所消耗材料的生产、运输、装修过程及装修废弃物处理的温室气体排放，住宿设施使用末期考虑建筑拆除过程和废弃物处理的温室气体排放，住宿业运营期间的废弃物的处理及物品的损耗，水资源消耗，采购运输过程等所引起的能源消耗和碳排放。

（四）旅游活动

旅游活动是游客在目的地所从事的行为，包括购物、娱乐等活动方式。出游目的不同，碳排放系数也会不同，由此产生的碳排放量也不相同。旅游活动按照活动类型可划分为陆地玩乐、海上娱乐和海底项目，旅游活动碳排放就是计算游客在各种类型旅游活动中消耗能源导致的 CO_2 排放量。通过问卷调查或者抽样调查法，根据旅游者的出行喜好，计算出各类型活动旅游者的人数，得到不同类型的旅游活动能耗及 CO_2 排放量，估算旅游活动总碳排放量。

（五）旅游环境

（1）滨海湿地

盐沼碳汇：对于草本植物为主的盐沼湿地，来自海床下的有机物质生产构成了湿地土壤有机碳的最重要来源（陈梓涵，2020；邢庆会，2018）。由于湿地厌氧环境的限制，植物残体分解和转化的速率缓慢，通常表现为有机碳的积累。估算盐沼湿地碳储量的方法主要有 2 种。第一种估算方法是在估算土壤碳储量时，计算沉积物剖面每层平均有机碳密度和单位面积一定深度内层数有机碳储量（Veldkamp，1994）；第二种方法是基于底泥里的碳库的变化，是源于碳通量的变化，包括垂直和水平的流动（唐剑武等，2018）。

红树林碳汇：首先采用 QuickBird 遥感影像判读并结合实地调查，获得研究区红树林不同群落的分布范围，在此基础上进行群落制图并计算各群落面积（颜葵，2015）；通过样方法测定不同群落植被的树高、胸径和间距，利用公式计算不同群落地上生物量和地下生物量；通过凋落物搜集法计算凋落物生物量以及凋落物分解速率；通过样方法、分层取样法和重铬酸钾外加热法测定不同土层有机碳含量及密度。得出红树林不同群落植被地上部分、地下部分、凋落物、土壤的碳储量。

海草床碳汇：收集相关资料，充分结合已有海草床调查资料、访问及野外实地调查验证，根据海草床的优势种和分布状况，分别汇总出海草种类和海草覆盖度、面积等数据（李梦，2018）。

（2）森林植被

国内外学者研究测量森林碳汇储量的方法归纳起来大致可分为 3 种，分别是样地清查法、模型模拟法和遥感估算法。结合学者研究和实地状况，植被类型主要选取针叶林、阔叶林和混交林，测量热带海洋牧场内森林植被覆盖面积，根据不同类型植被的年均固碳强度，计算出森林植被的碳汇量。

（3）草地植被

不同研究得到的草地生物量碳库估算值介于 900～4660 Tg C，相差 4～5 倍。Fang 等（2007）与 Piao 等（2007）基于草场普查资料和根茎比、Yang 等（2010）使用 2008 年全国草地监测数据和遥感影像、沈海花等（2016）通过相关文献结合 1∶1 000 000 植被图和遥感影像对中国草地生物量碳库进行估算，估算结果较为相近。

（六）海洋生态系统

（1）物理溶解度泵

通过航次设计，设置采样站位，调查月份均匀覆盖全年。实地调研需要测量评价海域的温度、盐度、溶解氧、总碱度（TAlk）、溶解无机碳（DIC）、pH和海水 CO_2 分压（pCO_2，单位为μatm），最后通过计算公式得到海-气界面 CO_2 交换通量。

（2）海洋生物泵

浮游植物：基于海洋浮游植物吸收固定 CO_2 的原理，浮游植物固碳量等于评价海域的水域面积乘以单位面积水域吸收二氧化碳的量。叶绿素是浮游植物进行光合作用的主要色素，也是海洋中主要初级生产者（浮游植物）现存量的一个良好指标。因此无论通过何种数据来源，最终都是想得到评价海域的叶绿素 a 浓度。通过叶绿素 a 的浓度计算单位面积水域吸收二氧化碳的量，进而确定评价海域浮游植物的固碳量。

大型藻类：大型藻类会通过光合作用将水中的无机碳化合物转化为有机碳化合物，并能从海水中吸收碳酸盐等溶解的营养盐。研究表明，由于不同海域地区的温度、光照条件等存在明显差异，藻类体内的氮、磷等物质的含量也有一定的差异，但其体内的碳所占本体总干重的比例大致相同。因此，根据物质量评估方法：藻类碳含量=藻类产量（干量）×藻体含碳量，通过获取各类大型藻类的产量以及藻体的含碳量即可计算大型藻类的碳汇量。参考张继红等（2005）、刘锴等（2019）等的研究成果，藻类产量按照 5∶1 的比例将湿重转化为干重，海带干重中碳含量为 31.20%，其他藻类的碳含量为 27.39%。

（3）海洋碳酸盐泵

海洋碳酸盐泵碳汇量通过物质量评估方法计算：贝类生物通过直接吸收海水中的碳酸氢根（HCO_3^-）形成碳酸钙（$CaCO_3$）来固碳。其反应方程式为

$$Ca^{2+}+2HCO_3^- = CaCO_3+CO_2+H_2O$$

通过这一过程，每形成 1mol $CaCO_3$，就可以固定 1mol 碳。贝类主要成分即为 $CaCO_3$（刘慧和唐启升，2011），伴随着养殖贝类的收获，大量的碳能够直接从海水中移出，其碳汇贡献基于不同种类的产量及其含碳量，估算公式为

贝类碳含量=软体组织碳含量+贝壳碳含量

软体组织碳含量=软体组织产量×软体组织含碳量

贝壳碳含量=产量×贝壳比例×贝壳含碳量

通过估算公式可知，海洋碳酸盐泵的碳汇量关键在于获取各类贝类的产量，以及通过前人研究成果确认各类贝类的贝壳和软体组织的含碳量以及质量比重。

（七）人工鱼礁

通过实地采样获取人工鱼礁的渔业资源和附着生物，分别估算有无人工鱼礁投放的海域的生物量，两者对比即可获得人工鱼礁的生态效益。

三、数据处理过程

（一）旅游者

旅游者数据处理可以使用问卷调查、访谈法以及观察法。

1. 问卷调查概念以及程序

问卷调查是社会学研究中运用的主要调查形式之一。根据查阅的大量文献，设计调查问卷，并通过咨询专家学者和预调查，修改和完善调查问卷，形成正式的问卷。在调查过程中，被询问者（回答者）要以书面形式回答调查表中的问题。在问卷调查中，研究者与回答者之间的相互关系是通过调查表非面对面实现的。问卷采用分析式问卷，开头部分，主要包括问候语、填问卷说明等内容，介绍调查的目的和内容，说明被调查者应该如何有效填写问卷、作答所需的时间、感谢语；人口学特征包括性别、年龄、职业、教育背景、经济状况、年旅游次数 6 个问题，以便更好地查看游客对旅游碳汇的了解，过滤被调查者，筛选出非目标被调查者，使调查更具有代表性。问卷主体大致可分为三个部分。

第一部分为游客对于环境责任行为的认知，是否会做环保旅游者，主要关注的问题为游客是否会在景区乱扔垃圾、是否会采摘路边的花草、是否会在树干或牌匾上涂画留名、对于不文明的行为是否会上前劝阻等主观认知类的问题。

第二部分为游客环境行为管理的问题，例如，整个景区整洁干净，是否会让游客感觉景区管理有序；景区的请勿采取的违章行为的环境解说牌是否会遵从；其他人在景区内乱扔垃圾没受到处罚，是否会效仿；景区行为指南是否对其有指导作用。

第三部分为游客对于环保行为责任的认定，包括消费者是否应该承担保护环境的主要责任；政府是否为保护环境的主要责任方；作为旅游开发者，旅游企业是否为保护环境的主要责任方。

问卷调查的基本步骤如下。

①设计问卷。

②问卷实验。在正式实施前可进行小规模的前测。用设计好的问卷在小范围内调查，确定问卷是否具有较高的信度和效度，是否紧扣调查目的和内容，调查对象对拟定的问题和答案的态度和要求等，为全面实施调查积累经验。

③选择实施方式。问卷有访问问卷和自填式问卷，各有优点。访问问卷的准确性较高，自填式问卷的调查则比较经济，且保密性较好。自填式问卷调查的具体实施方式又分为报刊问卷、邮政问卷、发送问卷等。应根据调查问题的性质和对调查对象的要求，确定具体调查方式。

④发放问卷，回收问卷。发放问卷工作要认真细致，发送问卷调查必须要求调查者亲自到场。回收问卷时要注意做好问卷回收率的记录。问卷回收率与调查课题能否顺利完成关系重大，应努力创造条件，使问卷能当场发放，当场回收。

⑤对问卷进行汇总分析，得出结果。

⑥根据问卷调查，计算出旅游者类型人数比例，根据研究区旅游者总人数，得出各种旅游者类型的人数。

⑦根据不同类型的旅游者的二氧化碳排放量，估算旅游者总碳排放量。

2. 访谈法概念以及程序

访谈法是由访谈员根据研究所确定的要求与目的，按照访谈提纲或问卷，通过个别面访或集体交谈的方式，系统而有计划地收集资料的一种方法。访谈法最大的特点在于，访问完全在一个面对面的过程中进行，“访问者与被访者之间相互影响，并对调查结果产生影响”。这种方法不仅能够搜集到资料，而且访问者可以通过训练，在访问的同时，通过观察了解被访者的心理，确保搜集到的资料的真伪以及可靠性。这种互动的交流效果以及通过双方语言、身体语言的碰撞得到的资料比其他的方法来得更为真实可靠，更具参考价值。访谈根据不同的维度可划分为不同的类型，如按沟通方式可分为直接访谈和间接访谈；按访谈的次数可分为一次性访谈与多次访谈；按访谈的正式程度可分为正式访谈和非正式访谈。本书的访谈法依据海洋牧场游客的特点，主要采取直接的、一次性的、非正式访谈形式。调查问卷对游客的环境责任行为的研究更多的只是对行为的一种认同结果。因此针对调查问卷中所罗列的部分游客环境责任行为的问题，来制定相应的访谈提纲，以期能弥补问卷调查的不足，更好地了解游客对于环境责任行为的理解及看法。

3. 观察法概念以及程序

观察法是有目的、有计划地通过对被观察者的言语和行为的观察、记录来判断其心理特点的心理学基本研究方法之一。由于观察对象的不同，可以对观察法进行分类，根据观察的内容分为结构式观察和非结构式观察；根据观察的场所分为实验室观察和实地观察；根据观察者的角色分为参与观察和非参与观察。本书采用实地、结构式观察。现场调查主要是通过在景区确定观测点，在观测点内观察游客的环境责任行为，并做好记录。其主要观察的内容包括：①游客是否会在景区乱扔垃圾；②在看到他人破坏环境的行为时，游客是否会上前劝阻；③游客是否会在非吸烟处吸烟。

聘请旅游碳汇相关专业的人员进行观察与记录，分成几组，每四人一组，一人负责观察，一人负责记录，另外两人进行问卷调查的发放与回收，并在收集问卷结束后进行访谈。结合以上三种方法，计算出旅游者类型人数比例，根据研究区旅游者总人数，得出各种旅游者类型的人数，并根据不同类型的旅游者的二氧化碳排放量，估算旅游者总碳排放量。

（二）旅游交通

交通出行方式通过问卷调查、访谈法、观察法三种方法获得，侧重于考量旅游者从客源地到旅游目的地的出行距离以及使用的交通工具、在景区内的交通工具的选择，具体操作参照以上关于旅游者的数据处理过程。并结合政府部门以及旅游景区，收集处理出行距离、游客数量，根据各种交通工具的碳排放系数，计算出旅游交通 CO_2 排放量。

（三）旅游住宿

旅游住宿数据主要通过问卷调查、访谈法、观察法三种方法获得，侧重于考量各类住宿设施的平均出租率、床位数、营业天数等以及各个旅游住宿企业的直接能源消耗，具体操作参照以上关于旅游者的数据处理过程。根据实地调查景区内各类住宿设施的平均出租率、床位数、营业天数等数据，结合各类住宿设施的单位碳排放系数，估算景区内旅游住宿碳排放。如能获取各个旅游住宿企业直接能源消耗数据，根据各个旅游住宿企业消耗的能源，结合 IPCC 公布的各类能源碳排放系数，估算旅游住宿碳排放量。

（四）旅游活动

旅游活动数据主要通过问卷调查、访谈法、观察法三种方法获得，侧重于考量旅游者开展的旅游活动类型，具体操作参照以上关于旅游者的数据处理过程。根据以上三种方法，计算出旅游者各种旅游活动人数比例，根据研究区旅游者总人数，得出各种旅游活动的人数，并根据不同类型的旅游活动能耗及二氧化碳排放量，估算旅游活动总碳排放量。

（五）旅游环境

1. 滨海湿地

1）盐沼碳汇

（1）样点设置与样品采集

研究年份春季月、夏季月、秋季月和冬季月，在研究区设定北、中、南三条样线。沿样线从大堤向海方向按高潮带、中潮带和低潮带，以及相应的植被分布区设置采样点。每个样点上随机采集各植物样方，每个样方间距不少于 5 m，采集样方内活体植物部分（不包括立枯物），分别齐地割取，同时记录样方内植株密度和平均株高等基础生长数据。在每个植物样方处用柱状采样器（直径 5 cm）采取 5 个土壤柱样（梅花形布点取样法），每个样方内的 5 个柱样按 5 cm 一段，现场切分合并装入自封袋。样品置于 0～4℃冷藏盒内带回实验室，同时采集土壤定容样品测定容重。

（2）样品处理及指标测定

植物样品带回实验室后，用 Milli-Q 水将植物冲洗多遍，将植物组织区分成根、茎（包括主茎和次茎）、叶（叶鞘计入叶），量取各部分长度与宽度并记录，各部分剪碎后装入牛皮纸袋中放入烘箱，在 105℃下杀青 2 h，再在 80℃下烘干 48 h 至恒重，测定干物质质量，从而计算单位面积的植物地上和地下部分生物量。将烘干后的各植物部位，用植物粉碎机粉碎，过 100 目筛，称取 3～5 mg 过筛样品，包样后用元素分析仪（Elementar Vario EL Ⅲ，德国）测有机碳含量，分析精度为±5%。

（3）数据处理

利用公式计算不同盐沼植被下的土壤碳、氮储量。采用统计软件进行数据处理，采用单因素方差分析和最小显著差数法进行差异显著性检验并对植物群落地下生物量和土壤碳储量的垂直分异进行相关性分析。

2）红树林碳汇

（1）遥感判读

以研究区 QuickBird 遥感影像为基础，以 ArcMap 10.6、ENVI 5.3 软件为数据处理平台，采用最大似然法和人工目视解译相结合的方法进行遥感判读，提取了研究区红树林群落分布，并结合实地调查和解译结果绘制红树林群落分布图。

（2）地面调查

调查前根据遥感影像判读布设采样点，实地调查时对实际地物与遥感影像进行对照，并记录群落类型、样点坐标、红树林的空间分布和生长情况，如树高、平均间距、胸径、生境等数据。

（3）群落结构调查

依据群落组成类型，统计样方中树（草）木的数量、高度、平均间距和胸径。对于低于 2 m 的植株，采用直接测量法，使用直尺直接测量读数；对于高于 2 m 的树木采用三角高程法进行测定。

（4）生物量测定

木本植物地上部分生物量的测定：对于非保护植物或传统意义上的测定通常是采取砍倒样方内较典型的乔木，精确测量胸径（1.3 m 处，树干不足 1.3 m 的从枝下 0.2 m 处测量）、树高等数值，分段、分层进行切割，以 1 m 或 2 m 作为区分段。测定其地上各器官（干、皮、枝、叶、胚轴、花、果）的鲜重，最后取样，将样品置于烘干箱中，以 85℃烘干至恒重，称重精确到 0.1 g。

地下部分生物量的测定：目前，对红树林植物地下部分生物量的研究相对较少，尚未出现能够精确估算根系生物量的方法。由于取样困难，木本植物地下生物量的测定，参照红树林植物群落地上部分生物量占 67.1%，而地下部分生物量占 32.9%的比例进行估算。草本植物地下部分采集采用挖掘法，通过取样器将根系所在的土柱取出，放入网筛进行清洗和筛选，称其鲜重，带回实验室并于 85℃下烘干至恒重，精确至 0.1 g。

凋落物生物量的测定：①凋落物收集法。每个群落选取 3 个植被覆盖度基本相同的点，分别设置 3 个 1 m^2 的尼龙收集网，网孔径 1.5 mm，网向下呈锥形。为防止收集网被吹翻，用相同材质的尼龙网将样地围起，避免四周凋落物随海水涨落潮被带进网下。每月定期收集凋落物带回实验室内进行烘干（85℃，6 h）、分类、称重。②凋落物残留量计算法。凋落物通过分解作用，使大量有机物质归还到环境中，但仍然会有一部分以有机质的形式保留在土壤表面，构成碳库的组成部分，因此，需要了解凋落物的分解系数，确定在土壤中的残留量。

植物群落总生物量计算：红树林植物群落的总生物量包括地上部分、地下部分和凋落物部分。总生物量的计算依据研究区红树林群落分布图，结合各个群落的面积，可以得到各个群落生物量的大小。

（5）植物碳储量估算

根据光合作用反应方程式推算，每生产 1 g 干物质，需要 1.62 g CO_2。

3）海草床碳汇

（1）海草样品采集与处理

现场采样时，拍照并记录海草种类及生长情况、各海草种类覆盖度。用直径为 7 cm 的 PVC 柱状采样器分别于海草采样点附近随机采集 3～5 个 20 cm 深的沉积物样品，编号装袋并带回实验室。样品以 0.355 mm 标准筛筛洗后，将剩余土壤中海草及种子挑出，将海草样品用蒸馏水冲洗干净后分为地上部分（叶、叶柄以及花果等繁殖器官）和地下部分（根状茎与根），统计海草雄花、雌花、果实、直立茎和土壤中的种子数量，并将海草植物的地上部分与地下部分分别在 50℃下烘干至恒重，用万分之一电子天平称重。

（2）水环境调查

水环境是反映沼泽湿地属性的基础性指标。水环境调查的点设置在每个采样点附近，每一个采样点做 3 个重复。本书研究的水环境调查主要调查了 pH、水温、盐度等能反映湿地水环境状况的主要指标。盐度和水温采用笔型盐度测试仪（台湾，衡欣 AZ8371）测试，pH 用 pH 测试笔（台湾，衡欣 AZ8629）测试。

（3）沉积物样柱采集

以自制的深层沉积物采样装置在各站位点采集 1 个深层沉积物样柱，在每个深层沉积物样柱的纵剖面中，每隔 4 cm 以注射器采集 1～20 cm^3 的沉积物（子样品），装入已称重的样品瓶。采集土样的当天将装着土样的样品带回室内称重，称取湿重，放入 55℃的鼓风干燥箱中烘干至恒重，计算含水率和容重。全部土样使用球磨仪研磨并过 100 目筛网。

（4）海草床碳储量估算

不同海草床的有机碳储量等于该海草床沉积物的有机碳密度与其面积的乘积。

2. 森林植被

①在研究区森林资源连续清查的过程中，平均每隔 4 km 就随机选取一个正方形样地，面积为 0.0667 hm^2，乔木的起测径阶为 5 cm，检尺高度为 1.3 m 处。森林资源连续清查包括乔木林地、灌木林地、耕地等。

②基于森林资源连续清查资料，在研究区确定树种。利用公式计算各样地内树种的重要值，从而得到研究区（物种×样地）的重要值矩阵。对研究区样地的森林植被进行群系分类。

③研究区森林生物量的估算采用生物量转换因子连续函数法。研究区森林植被总生物量为各群系生物量之和。

④对森林植被碳储量进行估算时，可采用对有机物当中的碳含量进行计算的公式，计算出森林植被的碳汇量。

3. 草地植被

①调查方法及样品采集。根据典型选样原则，设置 4 块林相整齐、具有代表性的 10 m×10 m 标准样地，首先对林下植被种类和覆盖度等情况进行调查，然后在样地内对树木进行调查，主要测定地径和树高。根据调查结果筛选出具有代表性的平均木 4 株，采伐并将其根部挖净后，按不同器官（叶、果、枝、干、根兜、侧根）分类称取鲜重，做好记录，随即采取各器官样品 300 g 左右置于封口袋中带回实验室烘干称取干重，粉碎后测定相关指标。在标准样地内，按角线设置 4 个面积为 1 m^2 的小样方，采用收获法分别获取小样方内全部灌草和凋落物并称取其鲜重，做好记录；随即采取各器官样品 300 g 左右置于封口袋中带回实验室烘干称取干重，粉碎后测定相关指标。在标准样地内上、中、下坡各随机设置 1 个土壤采样点（3 个重复），采取 0～20 cm 表土土样装于封口袋中带回实验室按国家标准处理测定相关指标，同时用环刀法测定土壤密度。

②碳含量测定及碳储量估算。采用元素分析仪测定碳含量。乔木层碳储量为各器官生物量与其相对应碳含量乘积之和，灌草层和凋落物层碳储量为其相应生物量与碳含量的乘积，土壤层碳储量为其有机碳含量、厚度、密度的乘积。

③生产力、年净固碳量、年净碳素累积量估算。植被层年净生产力根据林分生物量除以林龄（5a）进行估算。乔木层年净固碳量为各器官年净固碳量之和，而各器官年净固碳量根据相应的碳储量除以年龄进行估算，其中树叶和果

按当年生（1a）进行计算，其余器官按实际林龄（5a）来计算。乔木层年净碳素累积量根据其碳储量除以实际林龄（5a）进行估算。

（六）海洋生态系统

1. 物理溶解度泵

在整个调查过程中，提前校准SBE19+型或SBE911+型直读式温盐深剖面仪（CTD），温度和盐度可通过其直接现场获取。通过与CTD绑扎在一起的12～24个容积为5～12 L的翻盖式采水器，在每个采样站位采集2～4个不同深度的水样，并测定溶解氧（DO）、总碱度（TAlk）、溶解无机碳（DIC）、pH。由于海域的实地状况不同，表层水样距海表1～6 m。

①溶解氧（DO）：溶解氧水样的分取、固定和滴定都严格遵照经典温克勒（Winkler）流程。DO采样瓶为60 ml的BOD瓶，通过采样管将水样从采水器引出，放出少量洗涤采样瓶及瓶盖，重复2～3次。将采样管伸至采样瓶底部，待海水缓缓充满瓶体并溢出最少达采样瓶体积一半的水量时，将采样管慢慢抽出，关闭出水口，依次加入氯化锰和碱性碘化钠（或叠氮化钠）各0.5 ml，盖好瓶塞，振荡，放置于阴凉避光处存放，于24 h内滴定。

②总碱度（TAlk）、溶解无机碳（DIC）：采样瓶分别为60 ml的螺口硼硅酸盐玻璃瓶和140 ml的螺口高密度聚乙烯瓶。采样方法与DO相似，采样后立即滴加50 μL的饱和$HgCl_2$溶液灭活，盖紧瓶盖密封，放置于阴凉避光处保存，带回实验室分析。DIC和TAlk样品均不过滤且在测定前沉淀。DIC测定方法为非色散红外法，测定仪器为溶解无机碳分析仪。在一定体积的海水样品中加入过量的10%的磷酸，使得海水中的HCO_3^-和CO_3^{2-}全部被转化为CO_2，通过氮气吹扫，产生的CO_2先进入干燥管干燥，再进入Li-7000非分散红外检测器进行检测，通过峰面积定量。TAlk测定方法为Gran电位滴定法，测定仪器为配备高精度pH计和pH电极的总碱度滴定仪。25℃条件下，进样体积15～25 ml，用预先配置好的浓度约0.1 mol·L^{-1}的盐酸溶液去滴定样品，再根据滴加的HCl体积计算得到样品的TAlk值。DIC和TAlk的分析测定都通过美国斯克利普斯海洋研究所提供的“认证参考物质”来把控测定精度，测定误差通常控制在±2 μmol·kg^{-1}以内。

③pH：将采集的样品于140ml棕色硼硅酸盐玻璃瓶中保存，并在6 h之内恒温测量分析。样品分析使用雷磁pH计和经过NBS标度的标准缓冲液（25℃下，pH分别为4.01、7.00和10.01）校正的玻璃电极。

④碳酸盐体积数：根据实测的 DIC 和 TAlk 浓度以及对应的温度、盐度数据，使用碳酸盐体系互算软件 CO_2SYS.EXE 升级而来的 CO_2SYS.xls 计算得到 CO_2 逸度（fCO_2）、溶解 CO_2 浓度、CO_2 碳酸盐体系缓冲因子等参数。

2. 海洋生物泵

1）浮游植物

（1）现场观测

①观测时间及站位。为减少误差，站位设置要均匀分布在观测海域内，在多个时间段分别去采集水样，进行叶绿素 a 浓度的测定。如需测定悬浮泥沙浓度，则通过同步进行海面光谱测量，并对其中部分站位进行水下光谱测量。水样采集和光谱测量时间控制在 9：00～16：00，以保证得到较好的光谱数据。

②水样采集。参考《海洋生物生态调查技术规程》和《海洋调查规范 第 6 部分：海洋生物调查》（GB/T 12763.6—2007）的相关标准，利用专用采水器采集水样，分层水样的采集按照表 4-2 标准进行。

表 4-2　采样水深和层次　（单位：m）

测站水深范围	标准层次	底层与相邻标准层的最小距离
<10	表层、中间层、底层	2
10～<15	表层、5、10、底层	2
15～<50	表层、5、10、30、底层	2
50～<100	表层、5、10、30、50、75、底层	5
100～<200	表层、5、10、30、50、75、100、150、底层	10
≥200	表层、5、10、30、50、75、100、150、200	

③测定方法。浮游植物生物量测定法：在每个采样点用 2500 ml 有机玻璃采水器取表层、中层、下层水样，混合后取 1000 ml 用鲁氏碘液固定，室内沉淀 48 h 后浓缩至 30 ml，摇匀后吸取 0.1 ml 样品置于 0.1 ml 计数框内，在显微镜下按视野法计数并鉴定种类，数量特别少时全片计数，每个样品计数 2 次，取其平均值，每次计数结果与平均值之差应在 15%以内，否则增加计数次数。最后根据数量及种类计算生物量。

浮游植物生物量测定结果的单位为 $mg \cdot L^{-1}$，按 1 mg O^2=0.3 mg C=6.1 mg 浮游植物鲜质量的换算关系，日照时数按 12 $h \cdot d^{-1}$ 计，将测得的浮游植物生物量结果转换为以 C 为单位计，单位为 $mg \cdot m^{-3} \cdot d^{-1}$。

黑白瓶法：在采集浮游植物定量样品的同时，采用黑白瓶法测定初级生产力。每个采样点挂 3 层，每层 3 瓶，挂瓶水深为 0.5 m、1.5 m、3.0 m，悬挂时间 24 h。在测定开始装水灌瓶时即用硫酸锰溶液和碱性碘化钾溶液固定初始溶解氧。曝光结束后立即用等量的固定液固定黑、白瓶溶解氧。按《水质 溶解氧的测定 碘量法》（GB 7489—87）规定测定黑白瓶溶氧量，再根据各瓶的溶氧量推算初级生产力。

黑白瓶法测定结果的单位为 $g \cdot m^{-2} \cdot d^{-1}$，根据 1 mg O^2=0.3 mg C 的换算关系，将测得的黑白瓶产氧量转换为以 C 为单位计，单位为 $mg \cdot m^{-3} \cdot d^{-1}$。

叶绿素测定法：分层采样后，快速将水样从采水器中转移到干净的样品瓶中，水样分装，分别得到用于测定叶绿素 a 浓度和悬浮物浓度的样品，标记测站号和层次，并在样品制备之前置于接近现场水温的阴凉处保存。

叶绿素 a 浓度测定参照 GB/T 12763.6—2007 的相关标准，使用荧光法进行叶绿素 a 浓度的测定。

叶绿素 a 经丙酮萃取后，受蓝光激发会产生荧光，利用荧光计测定萃取液酸化前后的荧光值，计算出样品中叶绿素 a 的浓度。叶绿素 a 浓度测定的具体步骤如下。

取 1～2 L 水样预先使用 150 μm 孔径筛绢过滤，然后用 GF/F（25 mm）玻璃纤维滤膜过滤水样。如果有条件可直接进行叶绿素 a 的萃取，如果条件不允许，要将滤膜对折，用铝箔纸包好，存放于液氮罐或冰箱中（−20℃）。

将携带浮游植物的滤膜放入 10 cm^3 体积分数为 90%的丙酮提取液中，放入低温（0℃）冰箱中，提取 12～24 h。

将样品置于黑暗处 30 min，使样品温度与室温一致，取上清液，利用荧光计测定样品荧光值 R_b；在测定池中滴入体积分数 10%盐酸，30 s 读取酸化后荧光值 R_a。

利用下式计算叶绿素 a 浓度：

$$C_{\text{Chl}} = \frac{F_{\text{d}} \times (R_b - R_a) \times V_1}{V_2} \tag{4-1}$$

式中，C_{Chl} 为叶绿素 a 浓度，单位为 $mg \cdot m^{-3}$；F_{d} 为量程档“d”的换算系数，单位为 $mg \cdot m^{-3}$；R_a 为酸化后荧光值；R_b 为酸化前荧光值；V_1 为提取液体积，单位为 cm^3；V_2 为过滤海水体积，单位为 cm^3。

（2）遥感监测

中分辨率成像光谱仪（moderate resolution imaging spectroradiometer，MODIS）是美国地球观测系统（earth observation system，EOS）计划所搭载的

传感器之一。它包含 36 个波段，其中 8～16 波段为水色波段，空间分辨率为 1 km，可以为海洋水色、浮游植物、海洋生物、地理、海洋化学相关研究提供大尺度、多时相的遥感数据。目前，MODIS 传感器采用双星系统，分别搭载在 Terra 和 Aqua 两个卫星上，可以实现全天候小时间尺度的动态监测。MODIS 影像可用于研究区域水体叶绿素 a 浓度和初级生产力的遥感监测及时空变化分析。遥感监测步骤如下。

①数据获取。MODIS 数据可在美国国家航空航天局（National Aeronautics and Space Administration，NASA）官网通过条件检索评价海域的影像资料下载。

②辐射定标。辐射定标是将传感器记录的电压或数字量化值转换为绝对辐射亮度值（辐射率）的过程，或者转换为与地表（表观）反射率、表面（表观）温度等物理量有关的相对值的处理过程。按不同的使用要求或应用目的，可以分为绝对定标和相对定标，绝对定标是通过各种标准辐射源，建立辐射亮度值与数字量化值之间的定量关系；相对定标则指确定场景中各像元之间、各探测器之间、各波谱段之间以及不同时间测得的辐射度量的相对值。

③几何校正。利用地面控制点和几何校正数学模型来矫正非系统因素产生的误差，同时也是将图像投影到平面上，使其符合地图投影系统的过程。几何校正方法有利用卫星自带地理定位文件进行几何校正、image to image 几何校正、image to map 几何校正、image to image 自动图像配准和使用 image registration workflow 流程化工具等。

④大气校正。大气校正是水色遥感的一个重要环节，其目的是从卫星传感器接收到的总信号中提取离水辐射亮度，因此对水色遥感而言，在对海洋信号进行任何解释之前，必须进行准确的大气校正，去除来自大气的干扰，是海洋光学遥感成功应用的必要条件。大气校正的目的是消除大气和光照等因素对地物反射的影响，获得地物反射率、辐射率、地表温度等真实物理模型参数，用来消除大气中水蒸气、氧气、二氧化碳、甲烷和臭氧等对地物反射的影响，消除大气分子和气溶胶散射的影响。大多数情况下，大气校正同时也是反演地物真实反射率的过程。目前，遥感影像的大气校正方法可分为两种：绝对大气校正和相对大气校正。绝对大气校正是将遥感图像的 DN 值转换为地表反射率、地表辐射率和地表温度等的方法。常见的绝对大气校正方法有基于辐射传输模型的 MORTRAN 模型、LOWTRAN 模型、ATCOR 模型和 6S 模型等，以及基于简化辐射传输模型的黑暗像元面、基于统计学模型的反射率反演。相对大气校正方法校正后得到的图像上相同的 DN 值表示相同的地物反射率，其结果不

考虑地物的实际反射率。常见的相对大气校正方法有基于统计的不变目标法和直方图匹配法等。

⑤影像镶嵌或裁剪相关区域。如果评价海域在多块影像资料中，则需要图像镶嵌，即把多幅影像无缝拼接在一起。镶嵌方法有无缝镶嵌工具、基于像素的图像镶嵌。影像资料覆盖全部评价海域后，进行图像裁剪，根据研究海域的矢量文件进行掩模裁剪。

⑥叶绿素反演。链接视图后，打开图像资料选择大气校正的波段，加载采样点，选择反演方法，最终得到评价海域的叶绿素 a 浓度。水色遥感反演方法大体上可以分为三类：第一类为经验统计方法，是通过大量的实测数据，建立表观光学参数与水色要素浓度的统计关系，该方法快速、简单，但是精度不高，模型的可移植性较差；第二类为半分析半经验方法，是建立在表观光学参数与固有光学参数统计模型基础上的，将固有光学参数与水色要素浓度的解析模型引入到固有光学参数与表观光学参数的函数方程中，建立表观光学参数与水色要素浓度的对应关系，以实现反演水色要素的目的；第三类模型是解析模型，建立在严格的辐射传输方程理论之上，通过不同的数学手段，对多种辐射传输方程进行近似求解，获得水色要素浓度的求解方程，以达到反演水色要素的目的。

2）大型藻类

具体可以分为 3 个步骤：第一步，根据 5∶1 的比例将湿重转化为干重，获取藻类干重产量数据；第二步，分别获取各类大型藻类的含碳量；第三步，计算大型藻类直接碳汇总量。

3. 海洋碳酸盐泵

海洋碳酸盐泵数据处理主要过程是海水贝类养殖直接碳汇核算过程，具体可以分为 4 个步骤：第一步，获取贝类干重产量数据；第二步，分别获取贝壳干重和软组织干重数据；第三步，分别计算贝壳固碳量和软组织固碳量；第四步，计算直接碳汇总量。

（七）人工鱼礁

实地调查首先设置占位点，在礁区和非礁区分别设计相同个数的站位点，然后在不同时间段在站位点采样，以减少误差，增加实验的可行度。

人工鱼礁区的调查主要针对渔业资源和礁体附着生物，均采用采样法进行。渔业资源调查的程序如下：第一，渔业资源调查按《海洋监测规范》

（GB 17378—2007）和《海洋调查规范》（GB/T 12763—2007）中规定方法进行。调查均租用同一规格渔船。网具使用刺网，网具全长 200 m，共 4 种规格串连：①孔径为 3 cm，网高 140 cm；②孔径 4 cm，网高 140 cm；③孔径 4.5 cm，网高 140 cm；④孔径 2.5 cm，网高 100 cm。4 种规格，长度均为 50 m，放置 24 h 后取回。通过对礁区和非礁区的渔获统计进行对比，可以推算出礁区和非礁区渔业资源量和可移出碳汇量。按照不同站点将渔获物分装在不同且标记好的网兜中，放入冰箱冷冻。统计渔获物的种类、数量及其生物量并做好记录。第二，收集渔业资源调查所捕捞上来的渔获物，每种渔获物分别按照大中小规格进行分类，将新鲜样品称重剪碎成块，在 60℃烘箱中烘干至恒重，干样称重，随后将整体干样（包括肌肉、骨骼、鳞片或甲壳等）用高速组织捣碎机粉碎，混合均匀后使用元素分析仪测定其碳含量。

礁体附着生物调查程序如下：首先，实地调查不同礁体材质的礁面的附着面积；其次，在礁区进行潜水调查，礁区的礁体上附着的贝类也是很重要的碳汇资源，通过潜水员水下作业，使用 0.2 m×0.2 m 的样方框进行潜水取样，将采集样品装入专用的收集袋中，用保鲜箱冰存；最后，将样品带回实验室后将其冲洗干净测定湿重，再把样品整齐排列到白瓷盘上并进行编号，放于烘箱中 60℃烘干至恒重，称量其干重；将烘干后样品的壳和肉分离，使用粉碎机粉碎，过 100 目的筛后，用元素分析仪分别测定软体部和贝壳碳含量并做好记录。

第五章　热带海洋牧场旅游碳汇机制

海洋作为地球上最大的单个碳吸收体，每年大约能吸收人类所排放碳总量的1/3，同时，海洋中也蕴藏着丰富的碳，大约为3.8×10^{5}亿t，是大气中所含碳总量的50多倍（曹俐和王莹，2020），因此，海洋巨大的碳吸收能力对减少大气中的二氧化碳含量以及减缓全球性的气候变暖起着重要的作用。

碳汇机制是指国际“碳排放权交易制度”，其来源于《联合国气候变化框架公约》部分缔约国一同签订的《京都议定书》，它指从大气中清除二氧化碳的过程、活动或机制。碳汇机制倡导通过增加森林等“自然碳汇体”的方式来中和大气中温室气体含量。自然界中重要的碳汇体有森林、湿地、海洋等，其中海洋碳汇是推行碳汇机制的重要载体之一（蔡萌和汪宇明，2010）。

一、旅游者碳汇机制

在进行旅游活动的过程中，旅游者既是消费者，又是生产者。旅游者消费的是旅游活动带来的“体验感”，区别于被动消费一般消费品，旅游者在旅游活动过程中是一个积极主动者的角色，他们不仅购买旅游服务或商品，同时也投入大量时间和精力，消耗体力、脑力和情感来使用旅游服务或商品，最终产出具有意义的“旅游体验”（左冰，2010）。因此，在讨论旅游者碳汇的过程中，不能一味地强调让旅游者减少自己的碳消费，而应该让旅游者通过更少的碳消费来获得更多的“旅游体验”（周霄等，2018）。旅游者作为旅游活动碳排放的生产者，在旅游的过程中，为满足吃、住、行、游、娱、购等旅游需求，会消耗大量的能源，产生大量二氧化碳（李晓萌，2017）。因此，要从根本上降低旅游活动的碳排放，必须提高旅游者的低碳旅游意识，使旅游者成为低碳旅游的践行者（杨军辉，2014）。

旅游者是世界上主要的碳源之一，从旅游者自身的行为及意识出发是实现碳汇的重要手段之一。生态型旅游者可以通过低碳旅游、生态旅游、可持续旅游等方式降低在旅游过程中的碳排放量，但在所有旅游者中，生态型旅游者只占了一小部分，旅游者中还包括了大量的一般型旅游者和少量的破坏型旅游者。

（一）一般型旅游者碳汇机制

（1）旅游方式

一般型旅游者在旅游过程中不会太注重碳排放的问题，他们大多会选择令自己觉得舒适的旅游方式，会在潜意识的支配和控制下选择适合自己的旅游消费方式，其中潜意识包括旅游消费心理和旅游消费观念。旅游消费心理，是指人们在一定条件下形成的由自身感觉所体验的心理活动，包括旅游消费动机、意向、兴趣等。它属于浅层的旅游消费意识，具有自发性和可变性，主要受某种社会环境影响而自发地形成，并随着客观环境的变化而变化。旅游消费观念，是指人们在一定的人生观、价值观基础上形成的消费意识。它反映了人们对旅游消费的一种较强的心理倾向性和价值评判，是一种深层次的旅游消费意识，通常具有相对的稳定性（黄灿灿，2016）。

海洋旅游是以海洋为旅游场所，以探险、观光、娱乐、运动、疗养为目的的旅游活动形式。海洋面积辽阔，开发潜力较大。海洋空气中含有一定数量的碘、大量的氧、臭氧、碳酸钠和溴，灰尘极少，有利于人体健康，适于开展各种旅游活动。在海上旅行具有与陆地迥然不同的趣味，游客可在海上观看日出日落，开展划船、海水浴，以及各种体育和探险项目，如游泳、潜水、冲浪、钓鱼、驰帆、赛艇等。邮轮是海洋旅游的主要交通工具，豪华型邮轮不仅可为游客提供食宿，而且具有各种服务项目和娱乐设施（吕莜和钟兰，2014）。一般型旅游者在旅游过程中会更注重旅游体验感，比如选择潜水、冲浪、赛艇等高碳排放的项目，而不太关注旅游过程中产生的碳排放问题。

（2）旅游理念

一般型旅游者在旅游过程中主要关注的是旅游的体验感，在获得良好的体验感的同时，他们也可能会关注低碳，但是对他们而言，更重要的是在旅游的过程中获得体验感和满足感。

（3）碳汇形式

旅游者碳足迹是旅游者在旅游活动过程中所直接和间接产生的二氧化碳排放量的估量值，并不包括旅游物质载体生产、制造与分发和旅游管理部门等旅游业正常运行而涉及的间接碳排放（唐黎，2016）。

一般型旅游者在旅游过程中产生的主要碳排放就是旅游者碳足迹。由于在旅游过程中不注重低碳旅游，因此一般型旅游者在旅游过程中产生的碳汇较少。

（二）生态型旅游者碳汇机制

生态型旅游者是指在旅游过程中会通过各种节能减排措施或“碳中和”的生活消费方式，来减少个人旅游生活中的碳足迹的旅游者，即在旅游过程中注重“碳抵消”和“碳补偿”。

（1）旅游方式

低碳旅游方式是指在旅游发展过程中，通过运用低碳技术、推行碳汇机制和倡导低碳旅游消费方式，以获得更高的旅游体验质量和更大的旅游经济、社会、环境效益的一种可持续旅游发展新方式。低碳旅游方式是基于生态文明理念，对发展低碳经济的一种响应模式，即在旅游吸引物的构建、旅游设施的建设、旅游体验环境的培育、旅游消费方式的引导中，运用低碳技术，融入碳汇机理，倡导低碳消费，来实现旅游的低碳化发展目标（蔡萌和汪宇明，2010）。

生态旅游方式是以当地旅游资源为载体，将当地生态系统作为对象，通过科学的开发手段，让游客在观赏当地景观的同时，提高对当地资源保护与开发的意识，认识到可持续发展的重要意义，从而最终实现人与自然之间的协调发展的一种可持续旅游发展新方式（陈海珊，2012）。

可持续旅游方式被认为是周到的、有价值意识的、防御性的、有计划性的旅游方式。三种旅游方式的定义与内涵的对比，见表 5-1 与表 5-2。

表 5-1　三种旅游方式的定义对比

类别	定义
低碳旅游方式	以可持续发展与低碳发展理念为指导，采用低碳技术，合理利用资源，实现旅游业的节能减排与社会、生态、经济综合效益最大化的可持续旅游发展形式（唐承财等，2011）
生态旅游方式	生态旅游是游客到自然地区的一种负责任的旅行，这种旅行不仅要求保护生态环境与地方文化的完整性，而且必须维持并提高当地居民的生活水平（唐承财等，2011）
可持续旅游方式	在维持文化完整、保持生态环境的同时，满足人们对经济、社会和审美的要求。它能为当代人提供生计，又能保护和增进后代人的利益并为其提供同样的机会（王瑾等，2014）

表 5-2 三种旅游方式的内涵对比

类别	内涵
低碳旅游方式	①以节能减排与社会、生态、经济综合效益最大化为发展目标；②以低碳技术创新、清洁能源利用和旅游发展观念根本性转变为发展方式；③以低能耗、低污染、低排放为发展模式（唐承财等，2011）
生态旅游方式	①满足人类回归大自然的强烈愿望；②体现环境保护意识；③改善当地居民的生活质量，增加就业机会，为当地创造经济效益；④强调使公众亲近自然，接受环境教育；⑤强调旅游环境、社会与经济的可持续性（唐承财等，2011）
可持续旅游方式	在为旅游者提供高质量的旅游环境的同时，改善当地居民生活水平，并在发展过程中保持生态环境的良性循环，增强社会和经济的未来发展能力（唐承财等，2011）

志愿者旅游是较新的旅游发展模式，具有极强的公益性，但与公益活动所不同的是志愿者旅游具有更强的可持续性，同时其也是在满足旅游体验和公益服务的双重条件基础上得以开发和运行的新文化旅游形式。志愿者自动自发地在个性理念和共同目标的组织下走到一起，或通过政府组织或自发性团体组织深入到各个地区进行旅游的同时为当地居民提供一些帮助，包括知识、技术、技能、经济建设等多个方面，例如扶贫开发、环境保护、支教、助残、关爱留守儿童、关注空巢老人等。近年来海南省持续进行志愿者项目的开展，并积极进行志愿者旅游服务项目的组织和规划，从 2001 年开始进行志愿者旅游项目的开发和举办，每一次志愿活动的开展对志愿者而言都是独特的体验（杨智伟，2020）。低碳旅游者大多是志愿者旅游者，他们在旅游的过程中会注重低碳，选择碳排放较低的、对环境污染较小的旅游项目，同时他们也会注意在旅游的过程中保护环境。比如他们在进行潜水项目时，会选择不涂防晒霜、不化妆，以减少化学制成品对海洋环境的污染。

（2）旅游理念

低碳旅游的核心理念是以更少的旅游发展碳排放来获得更大的旅游经济、社会、环境效益。生态型旅游者的旅游理念结合了低碳理念、生态保护理念和可持续发展理念（蔡萌和汪宇明，2010）。

低碳理念主要是指在低碳旅游过程中处于指导地位的低碳理论思想，即人类生产生活时所耗用的能量要尽力减少，以此降低碳元素类，特别是二氧化碳的排放量，从而减少对大气的污染，减缓生态恶化，主要是从节电、节气和回收三个环节来改变生活细节。

1987 年世界环境与发展委员会全面地阐述了可持续发展的概念：“既满足当代人的需求，又不危及后代人满足其需求的发展。”（王晋，2008）可持续发展理念是在古代“天人合一”（即人与自然和谐）理念基础上发展而来的，其核心思想是：经济发展、保护资源和保护生态环境协调一致。强调可持续利用，不可过度利用；关注生态脆弱性，保护可更新能力；协调发展与保护的关系，以生态承载力为标准约束发展强度和规模，即发展不能超越生态环境承载力，一旦超出环境承载力，生态环境就开始向相反方向转化。可持续发展理念客观上要求平衡经济发展和生态保护的关系，要求保持人与自然和谐发展。

（3）碳汇形式

旅游业是以旅游者旅游消费活动为中心的社会经济产业类型，每位旅游者在旅游消费活动各环节都伴有大量碳消耗，基于生命周期的旅游者碳排放分析就是检查、识别和分析旅游者从客源地出发至完成旅游返回客源地的一次完整旅程中的吃、住、行、游、购、娱各环节中资源、能源消耗的碳排放当量以及对环境所造成的影响。也就是说，在借鉴生命周期系统分析的基础上，通过旅游者一次旅游生命周期全过程来量化其碳排放当量，并分析其所带来的影响，旨在辨识旅游各环节的改善对减少碳排放的最大机会。通常，旅游者在旅游活动的不同环境的碳排放当量主要是由住宿和交通方式选择、旅游活动方式、人均停留时间，以及其他旅游相关活动等综合作用的结果。

对于生态型旅游者而言，他们的碳汇形式主要包括以下两种：一是在旅游过程中选择更为低碳环保的住宿地和交通工具，减少在住宿和交通过程中产生的碳排放，在选择旅游活动时也会注意选择碳排放量较少和对环境影响甚少的旅游活动，在进行旅游活动的过程中他们会很注意对环境的保护。二是在旅游结束之后，他们会选择去进行植树、种花等活动来产生碳汇，以此来抵消自己在旅游过程中产生的碳排放，从而达到“碳中和”。对于生态型旅游者而言，减碳是他们最重要的碳汇形式。

（三）破坏型旅游者碳汇机制

破坏型旅游者是在旅游过程中或出于故意、或出于无知、或出于无意对所处的旅游环境进行了主观能动破坏或造成潜在性破坏的游客。在所有被破坏的对象中，有些是在短期内借助自然的力量可以恢复的，而有些则是永久性的破坏，是不可恢复的。破坏型旅游者的存在是旅游活动中景区环境保护和可持续发展的主要障碍。

（1）旅游方式

旅游的直接参与者和最大的受众是旅游者，旅游者的行为对旅游景区及其环境产生直接而深远的影响。破坏型旅游行为对旅游景区的影响主要分为以下三种。

①对景观本身破坏的行为。部分旅游者出于主观故意或其他原因，对景区内的景观实施实质性的改变或实施破坏，使景点暂时甚至永久性丧失继续为其他旅游者欣赏和服务的价值的行为。这种行为对景区的影响是根本性的。

②对景区环境破坏的行为。对景区环境的破坏主要是垃圾污染问题。在旅游行为的六要素中，所有行为都可能在景区中发生，尤其以“食”和“住”为甚。旅游是高消费的活动，游客在旅游中的支出以及对水源、能源的消耗要比平常高几倍甚至几十倍。因此，旅游中排放的废弃物自然就多。对于短线的旅游景区，旅游者通常自带食物，并在旅游途中停留、休息、就餐，食物的各类包装通常被遗弃在景区中。无论各种包装物是否能够降解，这些垃圾都需要耗费大量的人力、物力、时间去收集和处理（曹薇，2015）。还有建在景区内部的饭店和家庭旅馆等，有的在处理垃圾时就直接把垃圾从悬崖上面倒到悬崖下面。

③对旅游氛围破坏的行为。这一类破坏主要包括在时间上较短暂、在空间上影响范围较小，但又对其他旅行者产生一定影响的破坏，主要包括声光电、噪声、烟尘等。因为这类破坏的时空范围较小，景区对这些能量有消化、吸收的功能，对整个景区而言属于隐性破坏，但对旅游者来说，尤其是对局部的、在其影响范围内的旅游者而言却是显性的。这些破坏行为会直接影响旅游者的旅游效果（楚璇，2008）。

在海洋旅游的过程中，破坏型旅游者最突出的表现就是在进行海洋活动时乱丢垃圾等行为。

（2）旅游理念

对破坏型旅游者而言，在旅游过程中获得满足感和愉悦感是他们主要考虑的事情，对于旅游环境和旅游产品的保护不足，因此，他们在旅游过程中可能会对旅游环境和旅游产品造成或大或小的伤害。

（3）碳汇形式

破坏型旅游者在旅游过程中大多会采取排碳量较高的出行方式，并且伴随着旅游过程中对旅游环境的破坏，他们也会产生大量的碳排放，比如对于绿化的破坏会导致旅游地碳汇的降低。因此，在旅游过程中破坏型旅游者一般不会产生碳汇，甚至会产生大量的碳排放。

二、旅游活动碳汇机制

旅游业是一个输入输出系统，物质与能量为输入端，旅游服务/产品与废弃物是输出端，系统的两端均有温室气体产生，形成碳排放。在旅游活动开展中，旅游业各个部门为旅游者提供服务与产品，这些服务与产品的生产都以物质输入与能源消耗为基础，消耗的能源主要包括电能、燃油、燃气等，分为功当量的能源（如电力）和热当量的能源（如煤气），释放出以 CO_2 为代表的温室气体，对环境与气候产生影响。能源消耗是《2006 年 IPCC 国家温室气体清单指南》的重要组成部分。但是，需要指出的是，碳基能源消耗的碳排放不是旅游业温室气体的全部（丁雨莲，2015）。

三、旅游交通碳汇机制

能源系统应用于主要靠化石燃料燃烧驱动的大部分经济体。在燃烧过程中，化石燃料中的碳和氢气主要转化为一氧化碳和水，所释放燃料中的化学能量作为热能。该热能一般可直接应用，或用（某些转化损失）于产生机械能，通常用于发电或运输。能源部门通常是温室气体排放清单中的最重要部门，在发达国家，能源部门的 CO_2 排放量一般占 CO_2 总排放量的 90%以上和温室气体总排放量的 75%。CO_2 排放量一般占能源部门排放量的 95%，其余的为甲烷和氧化亚氮。固定能源燃烧通常占能源部门温室气体排放量的约 70%（闫征，2012）。这些排放的大约一半与能源工业中的燃烧相关，主要是发电厂和炼油厂。移动源燃烧（道路和其他交通）造成能源部门约 1/4 的排放量（常纪文，2010）。

《2006 年 IPCC 国家温室气体清单指南》指出按照排放气体的种类来估算碳排放。在燃烧过程中，大部分碳以 CO_2 形式迅速排放。然而，部分碳作为一氧化碳、甲烷或非甲烷挥发性有机化合物（NMVOCs）而排放。作为非二氧化碳种类排出的多数含碳气体最终会在大气中氧化成二氧化碳。在燃料燃烧的情况下，这些非二氧化碳气体的排放物中含有碳，相对于二氧化碳的估算量而言，其数量相当少。

四、旅游环境碳汇机制

以热带海洋牧场作为旅游吸引物而产生的热带休闲观光渔业是实现生态效益与经济效益协调发展的一种途径，也是实现现代海洋牧场可持续发展的一种可行策略。一般情况下，旅游环境指以旅游者为中心，其周围的自然、人文、社会经济环境的总和。但人文与社会经济环境（如住宿环境、交通环境、旅游活动环境等）通常作为碳源，要想增加海洋牧场旅游碳汇，就需要从海洋牧场自然环境增汇入手。因此，本节将把“旅游环境”定义为海洋牧场生态旅游环境，其碳汇量一般指海洋牧场旅游景区内除去海洋牧场之外的陆地生态环境、湿地生态环境的固碳总量。陆地生态环境和湿地生态环境主要包括陆地森林、红树林湿地、盐沼湿地、海草床湿地等环境，下面将重点介绍其中的碳汇机制。

（一）森林碳汇机制

森林生态系统是热带海洋牧场陆地生态系统中碳汇的主力军，它不仅是全球碳循环过程中重要的一环，也是全球碳循环与碳平衡研究的基础，在调节气候变化、降低大气中温室气体浓度、减缓温室效应方面有不可替代的作用。但随着全球人口快速增加及全球经济的发展，大量化石燃料使用、毁林开荒、采伐森林等人类活动，不仅导致大量碳排放，还导致全球森林总面积缩小，碳吸收受到影响，从而破坏地球的碳收支平衡。而森林是一种可再生资源，也是人类容易控制的一种陆地碳汇手段。近年来出现越来越多有关森林碳汇机制、碳汇能力的研究，表明人们对环境保护越来越重视，本部分将从森林生态系统的碳迁移过程来分析森林碳汇机制。

森林植被作为初级生产者承担了绝大部分的碳汇责任，即主要通过光合作用将大气中的二氧化碳转化成有机碳，除用于植物本身的生长发育固定的碳（即生物量）外，一部分通过食物链转移到其他陆地生物体内，另一部分则以凋落物、枯倒木或枯立木的形式存在。这些枯落物中被土壤中的生物分解的部分将会回归大气，不能或还未被分解的部分将作为沉积碳被长期储存。相较湿地生态系统碳汇机制，森林生态系统固碳机制较简单，其中几乎不存在碳的横向流失。

在热带海洋牧场旅游中，森林不仅可以吸收并储存大量来自旅游者、旅游从业者生产生活的碳，还能作为自然资源景观促进旅游，因此其在热带海洋牧场旅游中非常重要。

（二）红树林碳汇机制

红树林生态系统是全球净初级生产力最高的生态系统之一，也是全球蓝碳的主要贡献者之一，主要分布在海洋与陆地交界的滩涂上，具有生态和社会经济价值，如净化海水、防风护堤、固碳储碳、为海洋生物提供栖息地与繁殖地等作用，是重要的科教与旅游资源（Duke et al.，2007）。常见的红树林种类有白骨壤、秋茄、桐花树、红海榄、海莲、木榄、角果木、海桑等，此外，该生态系统中底栖生物、鱼类、鸟类等种类也十分丰富。红树林生态系统与森林生态系统有显著差异：红树林拥有发达的根系，包括表面根、支柱根、呼吸根、气生根等；叶片具有耐盐结构，依靠叶肉细胞高渗透压吸收水分排出多余盐分；采用胎生繁殖，即种子果实中发芽并长成幼苗，脱离母株在淤泥中继续生长；此外，红树林还富含单宁物质，拥有高光合作用及特殊的盐分代谢机制等（陈卉，2013）。本部分将通过探究碳在红树林中的主要迁移过程来分析红树林生态系统的碳汇机制。

红树林通过光合作用固定大气中的二氧化碳并产生有机物质，除用于自身生长发育所需的碳之外，其余的碳主要有三种去向：①呼吸作用释放；②动物摄食；③凋落物分解或沉积。其中呼吸作用释放的碳包括红树林的叶片、树干和根的呼吸消耗量；动物摄食消耗量可能很小，因为红树林含有的大量单宁物质是为了防止动物啃食，过去的研究认为红树林是该生态系统中其他生物的直接食物来源，因此将摄食量估算得较大，而已有研究发现，该摄食量微乎其微，大多生物，尤其是底栖生物主要以海水中的无机碳、有机碳为食，而这些碳主要来自凋落物分解（Bouillon et al.，2004）；红树林凋落物产量占红树林净初级生产力的近 1/3（Bouillon et al.，2008），其主要去向有三种，一是被微生物直接分解，当陆地上的干燥沉积物被分解时会产生二氧化碳返还到大气，而当长期淹没在海水中的潮湿沉积物被分解时会产生溶解无机碳并随着潮汐向周围水域输出，已有研究证实，红树林净初级生产力比其周围水体碳释放量高得多，大量碳正通过潮汐进行横向输出（Bouillon et al.，2008；Yan et al.，2008）；二是被底栖动物，主要是被蟹类和腹足类取食；三是进入红树林底质中被长期储存。红树林生态系统碳迁移过程如图 5-1 所示（陈卉，2013）。

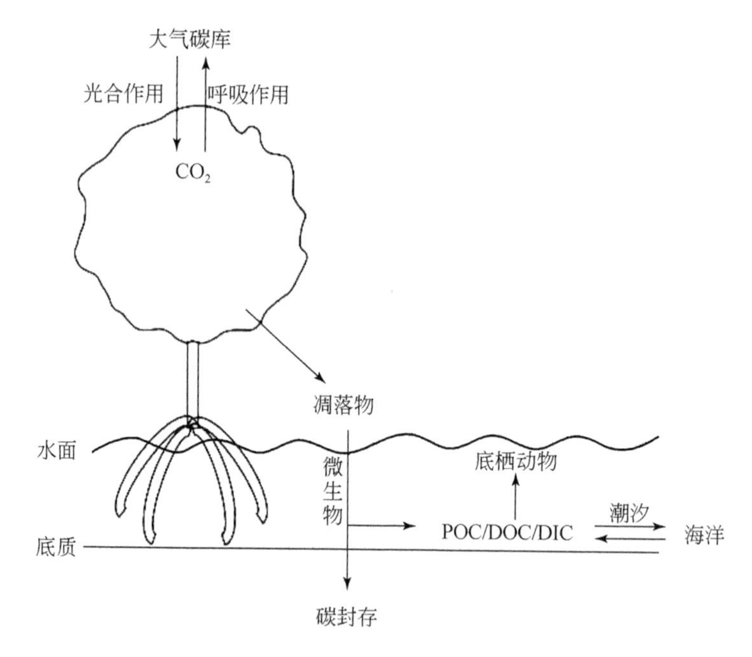

图 5-1　红树林生态系统碳迁移过程

红树林生态系统固定的碳以凋落物和颗粒有机碳（POC）的形式随着潮汐被横向输出至大陆架和海洋，且其中存在大气与植被、植被与沉积物、沉积物与海水、沉积物与大气等多个界面的碳交换，构成了红树林生态系统的碳汇机制。另外，红树林生态监测和遥感分析等资料表明，红树林植被和沉积物都存在巨大的空间异质性和不确定性（薛博，2007）。由于红树林生态系统具有开放性、复杂性、空间异质性和不确定性的特点（黎夏等，2006b），故红树林碳库、碳通量估算过程中的某些组分测定十分困难，导致估算结果不准确。因此，今后急需对红树林生态系统碳循环过程进行相关研究，尤其是碳去向方面的研究，这样既能更深入地认识红树林生态系统碳循环机制，促进其生产力估算方法的进步，又能更好地为热带海洋牧场旅游提供科学指导。

（三）盐沼碳汇机制

盐沼湿地生态系统是处于海洋和陆地两大生态系统的过渡地区，周期性或间歇性地受海洋咸水体或半咸水体作用，具有较高的草本或低灌木植物覆被的一种淤泥质或泥炭质的湿地生态系统（贺强等，2010）。按照全球气候带划分，盐沼主要分布在温带，其次在寒带，仅在澳大利亚北部、墨西哥的太平洋海岸等热带分布。我国盐沼主要分布在长江河口、黄河河口和辽河河口等东部沿海区域，常见的盐沼植物为互花米草、碱蓬草、芦苇等，其中芦苇群落是我国滨海湿地分布最广泛的草本盐沼类型，碱蓬群落则是中国北方滨海湿地的重要群落，互花米草群落是分布于江苏、浙江、河北等地潮间带湿地特有的湿地植物群落，值得注意的是互花米草自 1982 年被引种到江苏沿海地区后，凭借其极强的适应性和繁殖能力，逐渐取代碱蓬草成为优势物种，形成大面积的互花米草盐沼湿地，并对盐沼碳库产生了重要影响。

由于盐沼生态系统与红树林生态系统非常相似，其群落结构均较简单，均具有开放性、复杂性、不确定性的特点，均存在碳的横向输出和垂直埋藏，因此本部分简略描述盐沼生态系统碳汇机制。

盐沼植物通过光合作用和呼吸作用与大气发生碳交换，死亡后的残体经腐殖化作用和泥炭化作用形成腐殖质和泥炭被储藏，残体在富氧环境下被微生物分解产生 CO_2，在厌氧环境下则产生 CH_4（释放较弱，因为潮间带湿地较高，SO_4^{2-}含量会抑制 CH_4 释放），此外植物生长、残体分解的过程中受到潮汐影响，一部分有机碳和无机碳会随之向外输出，另一部分碳由于湿地厌氧环境的限制，分解和转化速率十分缓慢，通常表现为土壤中的碳埋藏。由此可见，滨海盐沼湿地碳循环过程主要为碳的输入、输出和埋藏。碳的输入包括：①气态碳输入，即盐沼植物固定大气中的 CO_2；②固态碳输入，主要是指生物碎屑、潮汐作用等造成的碎屑输入；③溶解态碳的输入，即溶解有机碳和溶解无机碳的输入。碳的输出包括：①呼吸作用、微生物分解释放 CO_2、CH_4；②生物碎屑和溶解有机碳、溶解无机碳通过潮汐输出（曹磊等，2013）。碳的埋藏即盐沼植物生长、植物残体腐化和泥炭化、潮汐泥沙搬运等过程中积累了大量无机碳和有机碳，故土壤是滨海盐沼湿地碳收支的核心，也是其最大的有机碳库。

（四）海草床碳汇机制

海草床是大面积成片海草生长的区域，主要分布在热带、温带近岸海域或滨海河口区水域中，生长在淤泥质或沙质沉积物上，是从陆地逐渐向海洋迁移而形成的。在热带海草床，海草是一些大型植食动物（如儒艮和绿海龟）、棘皮动物、多毛类、甲壳类和大部分鱼类的主要食物或营养物质来源。我国海草床主要分布在海南岛东部（西部已被人为破坏）。尽管海草床分布不足海洋总面积的 0.2%，但其在浅海生态系统中发挥着重要作用，它不仅构成食物链的基础，为海洋生物提供营养物质，还为海洋生物提供栖息地和隐蔽场所，同时密集的海草床还能起到减缓水流（促进碳沉降）（Koch and Gust，1999）和稳固底质（防止沉积碳再悬浮）（Heiss et al.，2000）的作用。近年来，海草床的生态价值逐渐进入人们的视野，其仅凭不足0.2%的覆盖面积，每年提供了约10%～18%的碳埋藏量（Duarte et al.，2005）。以下将从海草床中碳的两种存在形式（现存生物量固定碳和底质沉积碳）来分析海草床的碳汇机制。

与红树林、盐沼等湿地生态系统的碳汇机制相似，海草床碳循环的基本过程主要包括垂直方向上大气和海水之间的碳交换、海草和海水之间的碳交换以及沉积过程驱动的碳封存；水平方向上随潮汐与近海之间的碳交换、被海洋生物摄食。

首先，海草床固碳的第一条途径是利用其净初级生产力，净初级生产力因地区、种类而有所差异，不过其总初级生产力仍超过许多陆地生态系统，同时海草床生态系统中附着有藻类和浮游植物等生产者，也会增加该生态系统的碳汇能力。其次，海草床生态系统中沉积的碳除来自自身生物碎屑外，还有外源碳的捕获，这是海草床固碳的第二条途径。前文提到，海草床拥有减缓水流的能力，因此随着水流流经海草床的颗粒碳将被捕获，该捕获过程分为直接捕获和间接捕获（抑制波浪和水流，促进悬浮颗粒物沉积），直接捕获又分为主动捕获（海草叶片上吞噬性原生动物对颗粒物的摄食以及滤食性动物过滤）和被动捕获（颗粒碳被吸附在叶片上）。已有研究证实，海草床沉积碳中约有50%来自海草，其余则来自其捕获外源碳，如浮游植物和陆源碳等（Kennedy et al.，2010）。最后，海草床固碳的第三条途径是沉积在底质中的碳由于厌氧环境的限制，分解速率较低且底质稳定，使海草床生态系统拥有较高碳吸收能力、低碳排放能力。因此，海草床被认为是海洋碳循环的一个重要组成部分，是其中重要的CO_2吸收者。

正因为海草床有巨大的碳汇能力，一旦海草床被破坏，将会使滨海由碳汇变为碳源，并引起海洋酸化等问题。研究表明，人类活动引起的长期富营养化会造成大量海草的死亡，由于海草根系与根状茎对沉积物的稳固作用，海草死亡将加速海草沉积物的侵蚀，最终促使沉积物中所埋存有机碳的释放（仲启铖等，2015；邱广龙等，2014）。因此，应继续加强人为活动对海草床碳埋存影响的研究，此外，当海草床被人为破坏后，所埋存碳的去向亦值得深入探讨。

目前，我国对于海草床的研究仍存在许多空白与不足。我国拥有漫长的海岸带，其中海草床从辽宁沿海蔓延至南沙群岛，但我国具体海草床总面积、不同海草床分布面积、不同种类海草床碳汇能力尚不能确定。同时，对海草床固碳机制、人为干扰和全球气候变化对海草床生态系统碳捕获和碳埋存的影响等方面的研究非常缺乏，因此在未来可从人类活动与热带海洋牧场生态旅游之间的关系入手进行重点研究，以期实现可持续发展目标。

五、旅游住宿碳汇机制

自 1997 年我国工业进入快速发展阶段，工业能源消耗和废气排放总量呈指数增加，目前我国工业能源消耗占全社会总消耗的 70%左右，其中高能耗-高污染行业生产总值占 38.4%～41.0%（王美红等，2008），由此人们认为能源消耗的碳排放主要是通过工业生产。实际上，由于旅游链产业链长、相关行业众多，随着社会发展，住宿建设、材料消耗、旅游活动空前增多，从而使得作为第三产业的现代服务业逐渐成为了能源消耗的主力军（宋一兵，2012）。我们认为住宿碳汇实际上是住宿业碳减排，本节将分建筑材料、住宿设施类型、出租率及经营理念分别介绍其碳减排机制。

（一）不同建筑材料碳减排机制

据《中国建筑材料工业碳排放报告（2020 年度）》统计，建筑材料主要包括水泥、石灰石膏、陶瓷、玻璃等，其中水泥工业作为建筑材料碳排放的主力军，其二氧化碳排放高达 12.3 亿 t，其次是石灰石膏工业，二氧化碳排放 1.2 亿 t，其余建筑材料碳排放均不超过 4000 万 t，具体占比如图 5-2 所示。在硅酸盐水泥生产过程中直接产生二氧化碳的因素主要包括石灰石质的分解、熟料煅烧和原料烘干所需的煤炭燃烧，以及生产过程中电力消耗折算的煤耗，同时还有原料中生料的有机碳燃烧、熟料飞灰。由此可看出水泥建筑原料的生产过程涉及较多碳排放源，故在海洋牧场建设中应尽量采用低碳水泥，如高贝利特水泥、Aether 水泥、BCT 水泥等低碳消耗水泥（魏丽颖等，2014）；就地取材，采用原始石材、砂料建设特色海洋牧场旅游区。

在建设过程中存在机械设备和材料运输，主要指建设施工机械、人员及建筑材料运输机械、临时油气生电装置等。工程中使用的机械设备是施工阶段碳排放的主要来源，且施工机械碳排放将直接排放至海洋牧场环境，处置不当甚至会导致严重的环境污染。不论是施工机械、运输机械还是临时油气生电装置，其碳排放能源主要来自化石燃料的燃烧，若想降低海洋牧场建设过程中的机械碳排放，只需将化石燃料的使用转换为清洁能源的使用或减少化石燃料的使用，如建设海洋风力发电平台、光伏发电基地等取代临时油气生电装置；优化器械施工管理，实现“高效配合，无空转”的目标。

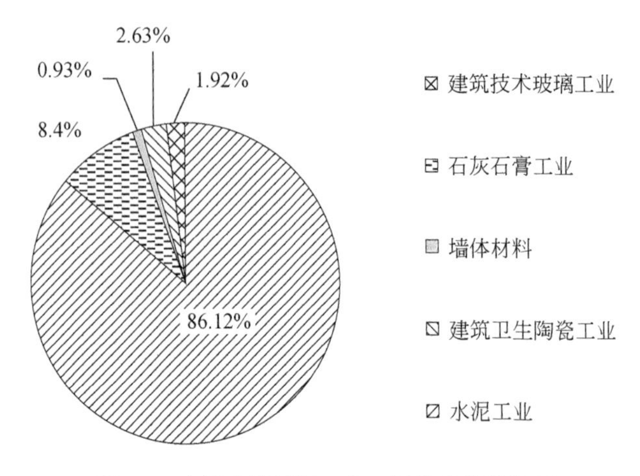

图 5-2 中国建筑材料工业二氧化碳排放比例

除此之外，在热带海洋牧场中，还可以建设以木材、茅草为主要建筑材料的森林木屋，与混凝土、砖瓦建筑相比，木屋拥有巨大减排空间。但森林木屋不宜过多建设，因为当木材、茅草位于其对应生态系统中，能产生的碳汇量远超过作为建筑材料时的减排量。

（二）不同住宿设施类型碳减排机制

由建筑材料类型可知，住宿设施类型可分为混凝土建筑、砖瓦建筑、森林木屋与露营地等众多类型。故其能耗途径也纷繁复杂，除建设过程中的能耗外，其中主要能耗包括通风、照明、加热、制冷、热水供应、烹饪及其他电器、一次性生活用品消耗、水资源供应等，但不论住宿业能耗途径多么复杂、多元，只需以水、电、气作为碳源核心展开研究即可。

（三）不同出租率及经营理念碳减排机制

不同出租率和经营理念会有不同的碳减排效果，如减少提供一次性日用品、使用可降解材料包装、尽可能地提示多天住宿客人减少床上用品的换洗频率、实施垃圾分类回收、纸张双面使用等举措以节能减排。

六、海洋生态系统碳汇机制

（一）物理溶解度泵机制

物理溶解度泵（SP）可以改变大气二氧化碳浓度，温盐环流则是由海水温差和含盐密度差异驱动形成的大尺度环流。物理溶解度泵机制如图 5-3 所示。

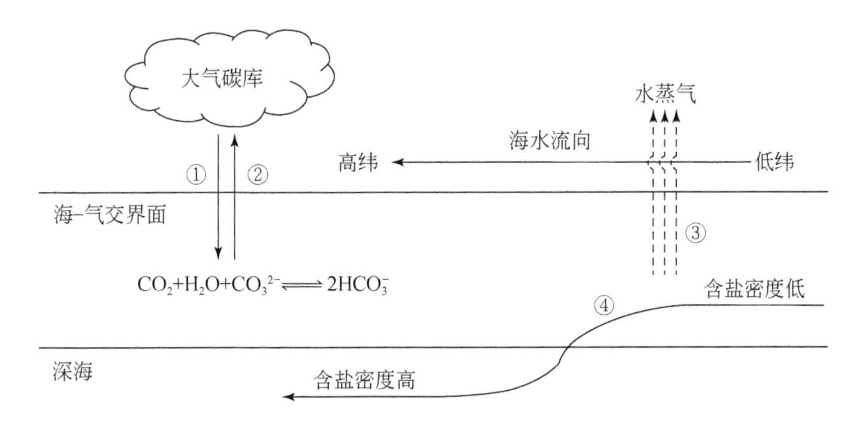

图 5-3　物理溶解度泵机制示意图

物理溶解度泵机制包括两部分，一是基于海-气交换的碳循环，二是基于温盐环流的碳迁移。首先就第一部分展开分析，如图 5-3 所示，本部分碳通过途径①②在海-气交界面实现循环，其中碳吸收过程主要为大气中的 CO_2 溶于海水，并转化为含碳无机盐，在海水中扩散分布；碳释放过程则主要考虑到低纬地区水温较高，CO_2 溶解度小，以及溶解过程中可逆反应转化率小于 100% 而产生 CO_2 释放。其次就第二部分展开分析，本部分碳由于途径③④推动而实现碳从海洋表面到海洋内部的转移储存，当海水随着洋流从低纬地区流向高纬地区时，海水的温度逐渐降低，释放出大量热能，导致一部分水以水蒸气的形式散失，致使海水的含盐密度逐渐升高，海水便会逐渐下沉；在海水运动过程中由于水温降低，CO_2 溶解度变大，海水中的含碳无机盐增多，导致海水密度进一步增加，促进海水下沉；在海水下沉过程中由于海水压强不断增大，也促进 CO_2 溶解及含碳无机盐生成，海水密度再一次增加，海水继续下沉，最终出现海水往高纬度方向流动，带着更多的碳往海洋内部迁移的现象。由此可见物理溶解度泵实质上是由多个因素（水温、海水压强、溶解可逆反应）共同作用的碳迁移过程。

（二）海洋生物泵机制

海洋生物泵（BP）实质是以该过程中的海洋生物为媒介，以有机碳（OC）的生产、消费、传递、分解、沉积为主的碳的垂直迁移过程。其中“生产”指海表浮游植物通过光合作用将溶解无机碳（DIC）转化成颗粒有机碳（POC）（陈蔚芳，2008）；“消费”“传递”指转化的大部分颗粒有机碳在海洋表层通过食物链被逐级转移、循环利用；“分解”指颗粒有机碳下沉并在深海再矿化（在微生物分解作用下，某元素从有机态向无机态的转化）成为溶解无机碳（张含，2018）；“沉积”指转化的颗粒有机碳中的较少部分能从海表转移到海底被封存。微生物碳泵（microbial carbon pump，MCP）也是海洋生物泵的一环，参与溶解有机碳（DOC）沉积封存的过程。完整的海洋生物泵机制如图 5-4 所示。

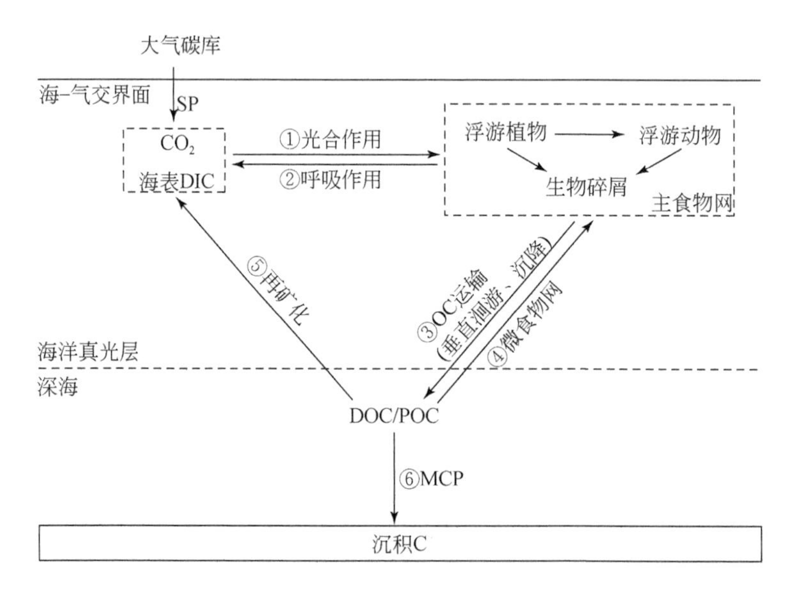

图 5-4　海洋生物泵机制示意图

物理溶解度泵实现了碳从大气碳库到海洋碳库的转移，海洋生物泵则是实现了由无机碳到有机碳的转化，并在海洋生态系统与海水之间循环，最终沉积在海底。本部分将从两方面展开分析：一方面是碳循环过程，另一方面是碳封存过程。首先就碳循环过程展开分析，CO_2通过物理溶解度泵进入海洋后成为海洋溶解无机碳的一部分，经光合作用被浮游植物利用，同时浮游植物通过系列光化学反应将溶解无机碳转化为有生命的颗粒有机碳（如绿藻、硅藻等），浮游动物通过捕食浮游植物和有生命的颗粒有机碳，将碳沿食物链逐级转移，主食物链中的海洋生物也通过呼吸作用释放 CO_2，从而实现 CO_2 在主食物链和海水之间的循环，如过程①②所示；一部分被捕食的颗粒有机碳随着浮游动物垂直洄游，由海表向深海转移，而未被捕食的颗粒有机碳会死亡，并伴随主食物链中各级生物产生的生物碎屑，构成非生命颗粒有机碳向下沉降，同时主食物链中海洋生物的新陈代谢会产生大量溶解有机碳释放到海水中（张乃星等，2006；王荣，1992），这些溶解有机碳、非生命颗粒有机碳有三种去向，第一种是会被异养微生物吸收利用，转化成有生命颗粒有机碳，并通过微食物链进入主食物链，从而实现有机碳在食物链和海水之间的循环，如过程③④所示；第二种是经历再矿化，成为溶解无机碳（如 CO_2）等待被浮游植物利用进入下一次循环，从而实现无机碳在食物链和海水之间的循环，如过程①②③⑤所示；第三种是碳封存，溶解有机碳通过微生物碳泵被微生物利用，通过一系列物理化学过程将其修饰转化成惰性溶解有机碳，与剩下的非生命颗粒有机碳一起沉降海底，在沉积物中可以储存上千年，从而实现碳的封存，如图中过程⑥所示。

（三）海洋碳酸盐泵机制

海洋碳酸盐泵（CP）实质上是由某些海洋生物钙化作用推动的，将海洋无机碳从海表向深海运输并返还一部分无机碳到大气的过程，也可以称为碳酸盐反向泵（Falkowski et al.，2000）。由于该过程存在 $CaCO_3$ 向下沉降与溶解，因此海洋碱度呈现从海表到深海逐渐增大的梯度趋势。某些拥有钙化作用的海洋生物（如颗石藻、成礁珊瑚、有孔虫类、具壳软体动物和硬骨鱼类）是 $CaCO_3$ 的生产者，据估计，全球每年有 0.7～1.4 Gt 的碳转化成 $CaCO_3$ 的形式（张明亮，2011）。生物钙化的反应原理为：$Ca^{2+}+2HCO_3^- = CaCO_3+H_2O+CO_2$，可以看出在该反应中，既有碳的吸收，也有碳的释放，而释放的碳会抵消生物泵对碳的吸收效果，是“源”还是“汇”取决于吸收的碳更多还是释放的碳更多，通常用雨率（rain ratio，指海洋真光层的颗粒无机碳和颗粒有机碳的比率）来表示。据研究，每生成 1mol $CaCO_3$ 会返还 0.67 mol CO_2 到大气碳库（蒋增杰等，2012），因此有研究者认为生物钙化作用是“碳源”，甚至认为最近一次冰河间期到工业革命之前的大气中 CO_2 浓度上升可能是由海洋生物钙化所引起的。但实际上，海洋生物泵和海洋碳酸盐泵的效率均受到海洋温度、盐度、

pH、生物组成等的影响，导致雨率在不同海区表现出不同特征，关于海洋生物泵和海洋碳酸盐泵的耦合关系还有待进一步研究。随着沉降深度的增加，$CaCO_3$的溶解度变大，当达到某一深度时，$CaCO_3$的溶解反应与结晶反应达到平衡，这个深度称为补偿深度。当 $CaCO_3$ 沉降深度大于补偿深度时，溶解反应强于结晶反应，最终每年有45%～65%的 $CaCO_3$ 被重新溶解，20%～30%的 $CaCO_3$ 被输送到海底（张明亮，2011；Wilson et al.，2009）。据 Wilson 等（2009）的研究，这个实际补偿深度比模型值更大，即海洋碳酸盐泵产生的可以沉积到海底的结晶态 $CaCO_3$ 量比以前的估计值更大，而 $CaCO_3$ 的形成正是海洋碳酸盐泵碳汇的核心，因此过去一直低估了海洋碳酸盐泵的碳汇能力。海洋碳酸盐泵机制具体示意如图 5-5 所示。

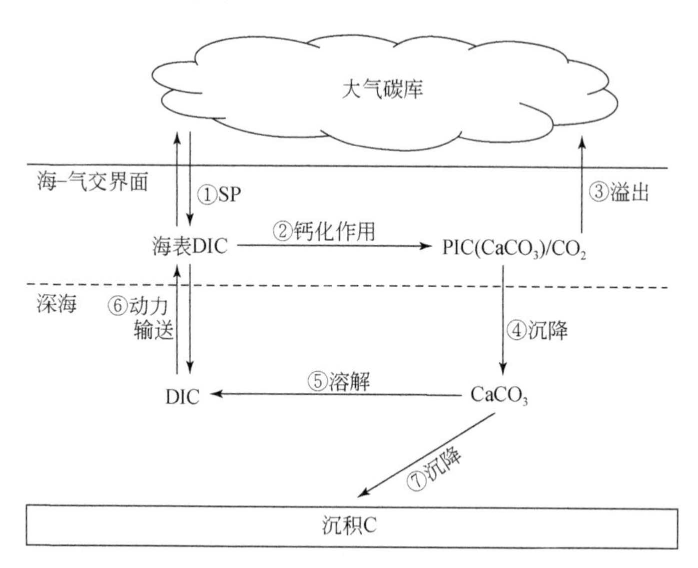

图 5-5　海洋碳酸盐泵机制示意图

海洋碳酸盐泵实质上就是海洋无机碳的流动，可分为溶解循环过程和结晶沉积过程。大气 CO_2 首先通过物理溶解度泵进入海洋并成为海表溶解无机碳的一部分，这些溶解无机碳被某些海洋生物通过钙化作用转化为颗粒无机碳（PIC）即 $CaCO_3$ 和 CO_2，如过程①②所示；未能溶解或未被利用的 CO_2 从海洋溢出返还大气，如过程③所示；而 $CaCO_3$ 向下沉降至深海后有两种去向，第一种去向是 $CaCO_3$ 被溶解成为溶解无机碳，并被运输至海表，等待被再次利用，如过程②④⑤⑥所示，这也是海洋碳酸盐泵机制中的溶解循环过程；第二种去向是 $CaCO_3$ 直接继续沉降至海底储存，如过程②④⑦所示，即结晶沉积过程。

七、人工鱼礁碳汇机制

随着中国渔业的发展，过度捕捞、海洋污染等问题逐渐凸显，渔场生态、经济效益均受到不同程度的影响，如果不采取有效的保护和修复措施，近海渔场就会面临像陆地一样荒漠化的危险，同时也会影响海洋牧场的旅游开发，引起碳排放过多并减弱碳吸收的问题。近几年，我国开始投入使用人工鱼礁，人工鱼礁是用于改善浅海生态环境、建设海洋牧场的人工设施，也是海洋牧场中鱼类等生物聚集、索饵、繁殖、生长、避敌的场所，其生物群落结构、生态环境均在一定程度上受到人为的调控，且该系统内的碳循环过程和固碳能力很大程度上被人类生产活动所影响。已有研究表明，在海洋牧场中投入人工鱼礁、进行藻类移植和增殖放流后，海洋生物的种类、数量明显增加，并且养殖的生物以人工鱼礁区的天然饵料为食（李娇等，2013），大大减少了人工饵料投入，是绿色、低碳渔业生产模式的典型代表。人工鱼礁生态区碳汇机制如图 5-6 所示。

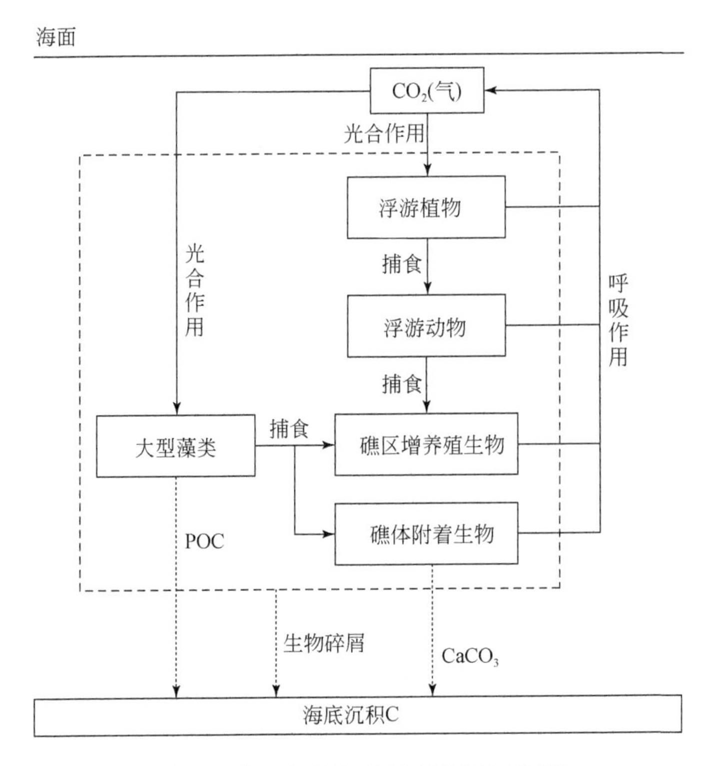

图 5-6　人工鱼礁生态区碳汇机制示意图

海洋表层的浮游植物通过光合作用将溶解在海水中的 CO_2 转化成有机碳，从而降低 CO_2 在海水中的分压，促进 CO_2 从大气向海洋扩散，增加碳汇。浮游动物捕食浮游植物将有机碳进一步转化，并通过其垂直洄游实现 CO_2 的垂直向下迁移，为不同水层的生物提供营养物质。在人工鱼礁增养殖区，增养殖生物（如鱼类、刺参等）通过捕食大型藻类、浮游动物等生长繁殖，当生长到一定程度就会作为可移出碳汇被人类捕捞，以经济产品的形式完成碳的固定；而礁体附着生物（如牡蛎、海螺等）通过钙化作用将海水中的溶解无机碳转化为 $CaCO_3$ 壳体，这些被固定的无机碳在人工鱼礁表面不断累积，在一定时期内形成碳封存。大型藻类在生长过程中通过光合作用将大量 CO_2 转化为无机碳，进一步提升礁区碳汇能力，同时藻类作为礁区动物的天然饵料，可以代替人工投放饵料，符合碳汇渔业绿色、低碳的要求（李娇等，2013）。礁区海洋生物的生物碎屑与过多的非生命颗粒有机碳、$CaCO_3$ 一起向海底沉降，成为沉积碳储存在海底。

第六章　热带海洋牧场旅游碳汇能力估算

一、旅游者碳汇能力

旅游业是以旅游者旅游消费活动为中心的社会经济产业类型，每位旅游者在旅游消费活动各环节都伴有大量碳消耗，因此，基于生命周期的旅游者碳排放分析就是检查、识别和分析旅游者从客源地出发至完成旅游返回客源地的一次完整旅程中的吃、住、行、游、购、娱各环节中资源、能源消耗的碳排放当量以及对环境所造成的影响，旨在辨识旅游各环节的改善对减少碳排放的最大机会（曾银芳，2016）。通常，旅游者在旅游活动的不同环境的碳排放量主要是住宿和交通方式选择、旅游活动方式、人均停留时间，以及其他旅游相关活动等综合作用的结果。

（一）一般型旅游者碳汇能力

一般型旅游者完成一次旅行，碳排放计算如下：

$$\mathrm{EB}_{1总} = \sum \mathrm{EB}_{1i} = \sum (Q_{1ij} \times \mathrm{FP}_j) \tag{6-1}$$

式中，$\mathrm{EB}_{1总}$指一般型旅游者在一次旅游生命周期中的总的碳排放；EB_{1i}指一般型旅游者在 i 环节，也就是吃、住、行、游、购、娱的某个环节产生的碳；Q_{1ij}指一般型旅游者第 i 环节第 j 种排放物质排放量；FP_j指第 j 种排放物质对应的排放系数（曾银芳，2016）。

根据前文中的描写可知一般型旅游者的碳汇为零，碳汇计算公式如下：

$$\mathrm{EC}_{1总} = 0 \tag{6-2}$$

式中，$\mathrm{EC}_{1总}$指一般型旅游者在一次旅游生命周期中总的碳汇。

一般型旅游者的碳汇能力计算如下：

$$E_1 = \sum M_1 \times (\mathrm{EC}_{1总} - \mathrm{EB}_{1总}) \tag{6-3}$$

式中，E_1 指一般型旅游者的碳汇能力；M_1 指一般型旅游者占旅游者总数的比例；$EC_{1总}$指一般型旅游者在一次旅游生命周期中总的碳汇；$EB_{1总}$指一般型旅游者在一次旅游生命周期中的总的碳排放。

（二）生态型旅游者碳汇能力

生态型旅游者完成一次旅行，碳排放计算如下：

$$EB_{2总} = \sum EB_{2i} = \sum (Q_{2ij} \times FP_j) \tag{6-4}$$

式中，$EB_{2总}$指生态型旅游者在一次旅游生命周期中的总的碳排放；EB_{2i} 指生态型旅游者在 i 环节，也就是吃、住、行、游、购、娱的某个环节产生的碳；Q_{2ij} 指生态型旅游者第 i 环节第 j 种排放物质排放量；FP_j 指第 j 种排放物质对应的排放系数。

生态型旅游者完成一次旅行，碳汇计算如下：

$$EC_{2总} = EB_{1总} - EB_{2总} \tag{6-5}$$

式中，$EC_{2总}$指生态型旅游者在一次旅游生命周期中总的碳汇；$EB_{1总}$指一般型旅游者在一次旅游生命周期中的总的碳排放；$EB_{2总}$指生态型旅游者在一次旅游生命周期中的总的碳排放。

生态型旅游者的碳汇能力计算如下：

$$E_2 = \sum M_2 \times (EC_{2总} - EB_{2总}) \tag{6-6}$$

式中，E_2 指生态型旅游者的碳汇能力；M_2 指生态型旅游者占旅游者总数的比例；$EC_{2总}$指生态型旅游者在一次旅游生命周期中总的碳汇；$EB_{2总}$指生态型旅游者在一次旅游生命周期中的总的碳排放。

（三）破坏型旅游者碳汇能力

破坏型旅游者完成一次旅行，碳排放计算如下：

$$EB_{3总} = \sum EB_{3i} = \sum (Q_{3ij} \times FP_j) \tag{6-7}$$

式中，$EB_{3总}$指破坏型旅游者在一次旅游生命周期中的总的碳排放；EB_{3i} 指破坏型

旅游者在 i 环节，也就是吃、住、行、游、购、娱的某个环节产生的碳；Q_{3ij} 指破坏型旅游者第 i 环节第 j 种排放物质排放量；FP_j 指第 j 种排放物质对应的排放系数。

破坏型旅游者完成一次旅行，碳汇计算如下：

$$EC_{3总} = EB_{1总} - EB_{3总} \tag{6-8}$$

式中，$EC_{3总}$指破坏型旅游者在一次旅游生命周期中总的碳汇；$EB_{1总}$指一般型旅游者在一次旅游生命周期中的总的碳排放；$EB_{3总}$指破坏型旅游者在一次旅游生命周期中的总的碳排放。

破坏型旅游者的碳汇能力计算如下：

$$E_3 = \sum M_3 \times (EC_{3总} - EB_{3总}) \tag{6-9}$$

式中，E_3 指破坏型旅游者的碳汇能力；M_3 指破坏型旅游者占旅游者总数的比例；$EC_{3总}$指破坏型旅游者在一次旅游生命周期中总的碳汇；$EB_{3总}$指破坏型旅游者在一次旅游生命周期中的总的碳排放。

综上所述，旅游者碳汇能力计算如下：

$$E = E_1 + E_2 + E_3 \tag{6-10}$$

式中，E 指旅游者碳汇能力；E_1 指一般型旅游者的碳汇能力；E_2 指生态型旅游者的碳汇能力；E_3 指破坏型旅游者的碳汇能力。

二、旅游活动碳汇能力

旅游活动分为旅游活动项目及旅游商品。旅游活动项目碳排放是指旅游地的参与性、体验性旅游项目能源消耗碳排放，主要包括电力、燃油以及生物能源等。随着体验经济时代的到来，大众旅游市场需要更多的旅游项目，旅游活动的方式也日趋多元化和个性化，体验旅游项目类型更加丰富，如观看歌舞、曲艺表演、骑马钓鱼、攀岩滑道等。具体计算方法如下（丁雨莲，2015）：

$$CE_{项目} = \sum CE_{项目i} \tag{6-11}$$

$$CE_{项目i} = \sum EQ_{ij} \cdot CF_j \cdot EF_{ce} \tag{6-12}$$

式中，$CE_{项目}$表示旅游活动项目碳排放量；$CE_{项目i}$表示第 i 种类型活动项目碳排放量；EQ_{ij}表示第 i 种类型活动项目第 j 种能源消耗量；CF_j表示第 j 种能源折算成标准煤的系数；EF_{ce}表示标准煤的 CO_2 排放系数，取经验数值 2.45。

或用排放因素法估算旅游活动项目碳排放，根据已有研究成果中的旅游项目人均耗能，通过实地调研获取单位时间内参与体验的游客人数进行估算，具体公式如下：

$$CE_{项目i}=\sum TQ_i \cdot EF_i \tag{6-13}$$

式中，TQ_i表示参与第 i 种旅游活动项目的游客人数，通过实地调查获取；EF_i表示第 i 种旅游活动项目人均碳排放强度。根据文献分析，汇总成表 6-1。

表 6-1　不同活动方式能源消耗强度及单位碳排放强度

旅游体验项目	产品类型	能源消耗/（MJ · 人$^{-1}$）	CO_2 排放/（kg · 人$^{-1}$）
演艺类项目	民族表演、剧院表演、音乐会	12.0	0.518
空中体验项目	空中观光	424.3	18.330
	直升机滑雪	1300.0	56.160
水上体验项目	喷水推进艇、帆船、海钓、观鲸	236.8	10.230
	乘船水上观光	165.0	7.128
	皮划艇运动	35.1	1.516
	湖钓、钓鱼	26.5	1.145
	潜水	800.0	34.560
探险类项目	蹦极	35.1	1.516
	山地自行车		
自然体验项目	脚踏车、骑马	26.5	1.145
	健步、野生观察		

资料来源：根据（石培华和吴普，2010）（Becken，2003）（唐承财等，2012）整理获取。

注：碳排放强度根据单位兆焦耳（MJ）的 CO_2 排放系数取 43.2 g 折算而来。

旅游商品主要包括当地土特产、手工艺品、旅游纪念品、日用商品等，主要估算旅游购物商店储存、销售商品的能源消耗，集中在商品展示、电气照明、空气调节等方面，电力为主要类型。商品生产和运输中的能源消耗所涉体系比较庞杂，不在本书研究的估算范围。具体计算公式如下：

$$CE_{购物}=\sum CE_{购物i} \tag{6-14}$$

$$CE_{购物i}=EQ_i \cdot CF_e \cdot EF_{ce} \tag{6-15}$$

式中，$CE_{购物}$表示旅游购物商店能源消耗碳排放量；$CE_{购物\,i}$表示第 i 家购物商店碳排放量；EQ_i表示第 i 家购物商店电力消耗量，通过实地调研获取；CF_e表示电力折算成标准煤的系数；EF_{ce}表示标准煤的 CO_2 排放系数，取经验数值 2.45。需要言明的是，旅游地购物商店可分为两大类，一类主要销售旅游纪念品，消费群体主要为外来游客；另一类主要销售日用百货，如饮料、食品等，消费群体既有外来游客，也有本地社区居民，本书认为均应核算在系统范围内。

近些年随着海洋牧场不断建设，旅游业快速发展，以海洋牧场为建设基础的旅游业开发正如火如荼地开展，涌现了以企业、政府为主，科研单位、各类社会组织参与的多元化投资与经营模式，开展了以海洋为核心，辅以渔家乐、潜水、海上运动等的多种海洋休闲活动，扩大了海洋牧场旅游业经营范围，丰富了海洋牧场旅游产品。表 6-2 列举了几处初具规模且较有特色的海洋牧场旅游业项目（张震，2015），除广东惠州菜蒙水榭湾海洋牧场外，均已开发成功。

表 6-2　当前部分海洋牧场旅游项目

项目名称	特色产品	项目规模	经营/投资方式
辽宁大连獐子岛海洋牧场	人工鱼礁海钓	1000 亩[①]人工鱼礁专属钓场 6 艘专业海钓船	企业主导模式
河北唐山湾海洋牧场	海上游钓 “赶海拾贝” 五星酒店 船坞 渔文化博物馆	10 000 亩海上牧场区	“产学研”合作模式
山东青岛鲁海丰海洋牧场	海上游钓 潜水 岸钓 渔村渔家风情体验	12 个海上平台，共 3000 m^2	企业主导模式
山东日照岚山阳光海洋牧场	海钓娱乐与比赛 海上冲浪 休闲旅游 海底半潜观光 渔家乐民俗文化旅游	游艇泊位 25 个（规划 100 个） 16 艘游钓艇、豪华游艇 50～200 m^2 不等的海上游钓平台 5 个	企业主导与俱乐部参与模式
广东惠州菜蒙水榭湾海洋牧场	海钓 海岛旅游 海洋休闲运动 酒吧、部落、酒店式公寓	1000 亩海上牧场区 国内首家专业级海钓俱乐部	互联网权益类众筹

① 1 亩≈666.67 m^3。

续表

项目名称	特色产品	项目规模	经营/投资方式
三亚蜈支洲岛海洋牧场	海钓 高端定制旅游 珊瑚酒店、潜水等 电商销售	1000 亩专属海钓钓场 位于“国家海岸”海棠湾休闲度假区内	政企合作模式

目前，我国高度重视现代化海洋牧场建设与发展（杨红生和丁德文，2022）。现代化海洋牧场是集环境保护、资源养护与渔业资源持续产出于一体，实现优质蛋白供给和维护近海生态安全的新业态。自 2017 年起，历年中央一号文件多次强调建设和发展现代化海洋牧场。2018 年，习近平总书记在庆祝海南建省办经济特区 30 周年大会上的讲话中指出，“支持海南建设现代化海洋牧场”。2021 年发布的“十四五”规划特别提出了“优化近海绿色养殖布局，建设海洋牧场，发展可持续远洋渔业”的宏伟目标。2021 年 11 月，我国首个海洋牧场建设的国家标准《海洋牧场建设技术指南》（GB/T 40946—2021）正式发布。而海洋牧场与旅游业结合下的休闲渔业同样发展迅猛（曹梅等，2021）。“十二五”以来，休闲渔业发挥内容丰富、产业布局深度融合、领域拓展等优势，呈现出了产业发展迅猛的良好势头，大幅提升了产业规模与经济效益。据初步统计，2016 年我国休闲渔业生产经营单位数量已经超过 4 万家，全国休闲渔业生产经济总产值已突破 643 亿元，比 2010 年增长 204%，年均增长率近 20.4%；其中我国的休闲渔业在渔业经济总产值中所占比值，由 2010 年的 1.6%迅速地增长至 2016 年的近 3%，翻了将近一倍。

三、旅游交通碳汇能力

旅游交通是旅游业碳排放的重要部分，旅游交通碳汇指在旅游活动中不同交通方式所产生的 CO_2 排放量的总和。旅游交通碳排放包括两方面的内容，一方面指旅游者从客源地到目的地旅行中所乘坐的交通方式在一定距离所消耗的能源产生的 CO_2 排放量；另一方面指当地居民在景区维持正常生活并且满足游客交通需要，所持有的机动车在行驶中所消耗能源产生的 CO_2 排放量（张笑郡，2016）。根据问卷调查和政府部门数据，收集游客从客源地到目的地以及在景区内选择的交通出行方式、出行距离、游客数量以及各种交通工具的碳排放系数，根据调查的比例反映到整体估算旅游交通 CO_2 排放量。具体分为外部交通、中部交通与内部交通，不同交通方式碳排放强度也有很大差别，此外，旅游者从客源地抵达目的地，一般在目的地会参观不止一个旅游景区，因此外部及中部交通中产生的碳排放应该由多个景区共担。据此，构建旅游地旅游交通能源消耗碳排放估算方法（丁雨莲，2015）：

$$\mathrm{CE}_{交通}=\mathrm{CE}_{外部}+\mathrm{CE}_{中部}+\mathrm{CE}_{内部} \tag{6-16}$$

$$\mathrm{CE}_{外部}=2f\sum(P_i\cdot D_i\cdot\beta_i) \tag{6-17}$$

$$\mathrm{CE}_{中部}=2\sum(P_j\cdot D_j\cdot\beta_j) \tag{6-18}$$

$$\mathrm{CE}_{内部}=\sum(P_m\cdot D_m\cdot\beta_m) \tag{6-19}$$

式中，$\mathrm{CE}_{交通}$表示旅游地单位时间的碳排放量，由外部交通、中部交通、内部交通三部分组成；P_i、P_j、P_m为第 i、j、m 种交通方式的游客总人数；D_i、D_j、D_m为第 i、j、m 种交通方式的交通距离（km）；β_i、β_j、β_m为第 i、j、m 种交通方式的碳排放强度（$\mathrm{kg}\cdot\mathrm{km}^{-1}\cdot人^{-1}$）；$f$ 表示旅游过程中旅游者一般要游览多个旅游景点的分摊大尺度交通环节碳排放的系数。为了简化研究，设定游客往返所采用的交通方式相同，因此式中“2”表示计算往返程的排放量。

通过文献分析（张凤琴和丁雨莲，2018），选取不同交通方式的碳排放强度的经验数值，汇总为表 6-3。

表 6-3　不同交通方式的碳排放强度

交通方式	碳排放强度/（$\mathrm{kg}\cdot\mathrm{km}^{-1}\cdot人^{-1}$）	数据来源
国内航线飞机	0.300	（陈飞等，2009）
普通火车	0.027	（台湾高铁公司，2009）*
动车组列车	0.027	（台湾高铁公司，2009）*
长途客运汽车	0.071	（台湾高铁公司，2009）*
轮船与渡船	0.070	（Glossing et al.，2002）
出租车	0.250	（肖潇等，2012）
私家车	0.250	（肖潇等，2012）
电动车	0.009	（倪捷，2009）
摩托车	0.058	（倪捷，2009）
公交车	0.017	（王凤武，2007）
景区环保车	0.010	（肖建红等，2011）

*此数据原文献（丁雨莲，2015）未标明原引用来源。

外部交通距离取旅游客源地所在中心城市至旅游景区所在中心城市的距离，中部交通距离取旅游景区所在中心城市至旅游景区的距离，不同交通方式游客的交通距离通过各交通方式的里程查询或从交通地图上直接量算获取（丁雨莲，2015）。

对于自驾车、私家车和出租车出行，碳排放强度（kg · km^{-1} · 人$^{-1}$）还与其荷载系数，也即乘坐率有关，计算公式为 $\beta=F_i/L_i$，其中，F_i 为第 i 种交通工具每公里碳排放强度（kg · km^{-1}），L_i 为第 i 种交通工具的实际乘坐人数，通过实地调查获取实际乘坐人数数据（丁雨莲，2015）。

海洋牧场的旅游交通产品通常为轮船与渡船。以蜈支洲岛为例，旅游交通产品如表 6-4 所示。

表 6-4　蜈支洲岛旅游交通产品

旅游产品	碳排放强度/（kg · km^{-1} · 人$^{-1}$）
景区环保车	0.010
摩托车	0.058
电动车	0.009
轮船与渡船	0.070

四、旅游环境碳汇能力

上一章已经介绍了热带海洋牧场旅游碳汇机制，本节将着重介绍热带海洋牧场旅游环境中森林生态系统、红树林生态系统、盐沼生态系统和海草床生态系统的碳汇能力的估算方法。由于这四种生态系统都是以初级生产者为主要研究对象，且仅限于木本和草本植物，在估算方法上都有一定的相似性，故重复部分将不再赘述。

（一）森林碳汇能力

自 1970 年以来，国内外开始对陆地生态系统或森林生态系统的碳贮量和碳循环进行了大量的研究，有以下四个特点：①研究结果有很大的不确定性；②研究尺度集中在局部典型尺度或全球大范围尺度；③研究内容大多局限于单一碳汇能力研究，缺乏与社会经济的结合；④受目前技术和数据来源的限制，大多研究只估计某一时间段的静态碳汇。从闫学金和傅国华（2008）借鉴方精云等（2002）的研究方法得到的结果来看，2008 年海南省森林总碳汇量为 41 941 386.405 8 t。关于森林碳汇能力的研究仍需要未来更多时间去发展，故本部分仅选取其中常用的估算方法加以介绍。

（1）传统估算方法

根据以往森林资源调查资料，如植被分布图、土壤类型分布图、林分生长状况、林相图等，选择调查区并设置标准样地，然后进行野外调查，采集乔本层、灌木层、草本层以及凋落物样本并记录树高、胸径、数量、生长状态、鲜重等基本信息。森林总生物量即是乔本层、灌木层、草本层、凋落物的生物量总和，再根据光合作用反应方程式转换成该森林生态系统的碳汇总量。

一般乔本层采用异速生长法计算生物量，公式如下：

$$B = a(D^2H)^b \tag{6-20}$$

式中，B 表示生物量（$t \cdot hm^{-2}$）；D 表示胸径（cm）；H 表示树高（m）；a、b 表示回归系数。

灌木层、草本层和凋落物生物量计算方法相同，即主要通过计算含水率的方法推算单位面积内的生物量。把采集的样本带回实验室预处理后烘干至恒重，并称取其干重。据以下公式计算含水率：

$$P = (\text{湿重} - \text{干重}) / \text{干重} \times 100\% \tag{6-21}$$

并通过含水率换算出不同器官的生物量，不同器官的生物量相加便可计算出单位面积的生物量。

（2）基于碳通量的估算方法

在基于碳通量的估算方法中，涡度相关法较为可靠。涡度相关法提供了一种直接测定植被与大气间二氧化碳通量的方法，主要通过在林冠上方直接测定的涡流传递速率，计算出森林生态系统吸收固定量（于贵瑞和孙晓敏，2006）。影响碳通量观测的因素有：①二氧化碳的储存效应。当大气比较稳定或湍流较弱时，从土壤和叶片扩散的二氧化碳不能达到仪器测定高度，从而造成测定值偏小，尤其是在测定乔本层植被通量时影响较大。②水平平流效应。若观测地下垫面存在一定粗糙度和地形起伏，或所测得源、汇的表面发生变化，都会引起平流效应，使观测结果异常。③碳通量漏流。当大气比较稳定、地形有一定坡度时，湍流作用比风速弱，一部分二氧化碳不会通过树冠层和大气交界面，导致二氧化碳发生漏流。故涡度相关技术的使用条件是：①下垫面平坦均一；②大气边界层内湍流间歇期短；③研究对象一般在水平均匀的大气边界层内。若该技术正常进行，既能对森林生态系统进行长期碳通量测定，又能为其他模型的建立和校准提供基础数据。

（3）基于遥感技术的估算方法

由于实地采样调查方法工作量大，碳通量估计方法成本较高。近年来，由于遥感技术可准确、迅速、无破坏地对生物量进行估算、对生态系统进行宏观监测，基于遥感技术的森林碳储量估算研究越来越多，基本上实现了区域尺度甚至全球尺度不同陆地生态系统生物量的动态监测。其原理是根据植物对太阳辐射的吸收、反射和透射特性，结合植被生产力的生态影响因子，在卫星接收到的信息之间建立完整的数学模型，进行生物量估测。其中具有代表性的估算模型包括 CASA、CENTURY、TEM 等全球模型，BEPS、NECT 等区域模型，以及利用归一化植被指数（normalized difference vegetation index，NDVI）、叶面积指数建立的森林植被净第一性生产力模型等。目前，我国主要以研究估算植被净生产力和生物量的静态估算模型为主，缺乏动态模型的相关研究，针对区域森林生态的综合性研究还需加强（牛磊，2014），森林生态系统碳储量变化对气候变化的影响及森林对区域气候的影响等还需进一步深入。

（二）红树林碳汇能力

从生态系统生产力的角度，红树林的碳汇能力实际上是红树林的净生态系统生产力（net ecosystem productivity，NEP），但由于红树林生态系统的开放性，随潮汐输出的碳并不包含在内。因为植物净初级生产力（net primary productivity，NPP）是植物生产能力的直接表现，是生态系统生产能力的主要组成成分，还是决定该生态系统是否为碳源/碳汇的重要指标，故在研究中一般采用净初级生产力来反映碳汇能力。在热带红树林碳储量研究中，胡杰龙等（2015）利用遥感判读、湿地采样与实验室分析法得出 2015 年海南省东寨港红树林固碳量约为 29.56×10^4 t，赵牧秋等（2013）利用 2003—2012 年的研究数据以及实地调查得到 2013 年三亚市红树林总固碳量为 3.0×10^3～6.2×10^3 t，褚梦凡等（2021）通过实地测算的方式得到 2021 年儋州湾红树林固碳量为 4535 t。

传统的估算方法，如凋落物量和生长量法、气体交换法、收获法等，虽然在一定程度上能够经济、简单、快速地获得红树林的净初级生产力，但往往工作量大、破坏性强，只适用于较小面积的计算，难以将其应用扩展到全区域或更大尺度。因此，近年来越来越多的研究者开始尝试新的估算方法，以期获得适用于大尺度碳循环研究的估算模型。本部分将介绍传统的估算方法，以及近年来新兴的估算方法。

1）传统估算方法

传统估算方法的流程：①选定一定范围的红树林区域；②通过遥感影像判读与地面调查相结合布设采样点及记录不同群落的空间分布和生长情况（如树高、胸径、平均间距等）；③计算植物总生物量，包括地上生物量、地下生物量、凋落物生物量；④将上一步的结果换算成植物碳汇量；⑤计算土壤总固碳量；⑥将前两步的结果相加得到红树林的碳汇量，并用其表征红树林碳汇能力。

（1）遥感判读与地面调查

以较高分辨率的遥感影像为基础，利用 ArcGIS、ENVI 等处理平台，提取红树林区域的群落空间分布，并结合地面调查的结果合理划分群落区域，如可以将海莲、尖瓣海莲和木榄划分在同一个群落区域，因为它们生境相似、形态相近且生长在一起。根据划分好的群落区域选定样方，并统计样方中树（草）木的数量、高度、平均间距和胸径。其中平均间距和胸径的计算方法（颜葵，2015）为

$$L=\sqrt{\frac{S}{N}}-\overline{D} \tag{6-22}$$

$$\overline{D}=\frac{C}{\pi} \tag{6-23}$$

式中，L 为平均间距（m）；S 为样方面积（m^2）；N 为样方内植被数量（株）；$\overline{D}$ 为平均胸径（cm）；C 为树干离地 1.3m 处的周长（cm），对于树干不足 1.3m 的从枝下 0.2m 处测量。

（2）植物总生物量的测定

地上生物量测定方法这里介绍两种，一种是董汉飞和曾水泉（1985）的经验公式。

乔木层的计算公式：

$$B=0.00003396D^2H \tag{6-24}$$

$$P=0.000012046\cdot(D^2H)\cdot 0.6253 \tag{6-25}$$

式中，B 为生物量（干重）（$t\cdot hm^{-2}$）；P 为生长量（干重）（$t\cdot hm^{-2}$）；D 为胸径（cm）；H 为树高（m）。

草本层的计算公式：

$$B_{mg}=\frac{B_{ma}}{F_a}\sum_{i=1}^{n}F_i \qquad (6\text{-}26)$$

式中，B_{mg} 为草本层的生物量（干重）（$t\cdot hm^{-2}$）；B_{ma} 为草本层的最大生物量（干重）（$t\cdot hm^{-2}$）；F_a 为最大丰满度（$mg\cdot L^{-1}$），以植物的相对高度（%）、盖度（%）、频度（%）的连积表示；F_i 为某种植物的丰满度；n 为草本植物种数。

另一种是 Saintilan（1997）的经验公式。

乔木层地上生物量的计算公式：

$$B_{单}=\frac{1}{10}\cdot\{H\cdot[0.214\cdot(D\cdot\pi)-0.113]^2\} \qquad (6\text{-}27)$$

$$B_{TB}=\overline{B}_{单}\cdot\frac{A}{(1.67d)^2} \qquad (6\text{-}28)$$

式中，$B_{单}$ 为单株生物量（kg）；H 为树高（m）；D 为胸径（cm）；A 为样地面积（m^2）；d 为平均间距（m）；B_{TB} 为群落样方生物量（kg）；$\overline{B}_{单}$ 为平均单株生物量（kg）。

草本层地上生物量的测定：选择与保护区相似的外围群落，应用收获法获取地上部分，称其鲜重后带回实验室烘干至干重。

目前对于红树林地下生物量测定的研究相对较少，不仅存在误差，还具有一定的破坏性，故这里只介绍常用测定流程。

草本层地下生物量的测定流程如下：①采用挖掘法或取样器取出样方内植株根系所在的柱（30～70 cm）；②洗掉植物根系泥土，将优势种的地下部分分成根茎、细根等部分；③在 80℃下烘干至恒重后分别称重，取其平均值作为样地地下生物量（王树功等，2004）。

由于对于乔本层地下生物量测定的研究较少，故在此借鉴黄月琼等（2002）的测定方法：以树桩为圆心、1 m 为半径画圆，将圆内 1 m 深的根系及泥土挖出，用纱网在水中洗干净，再将所得根系按直径大小分为粗（>1 cm）、中（0.5<～1 cm）、细（0.2<～0.5 cm）、极细（0<～0.2 cm），然后称其鲜重，再分别取三个 5～10 g 的根系样本，将样本烘干至恒重，记录含水量和干重。

测定凋落物生物量时，首先需要在每个群落区域选取若干植被覆盖率基本相同的点，定期收集凋落物，带回实验室烘干、称重，并记录数据。然后在一定时间内，凋落物分解后仍会残留有机碳在土壤表面，故需了解凋落物的分解速率（或称分解系数），以确定在土壤中的残留量（张宏达等，1998）。该分解

速率根据 Olson 指数衰减模型求得

$$L_r = a\mathrm{e}^{-kt} = (X_i / X_0) \times 100\% \tag{6-29}$$

式中，L_r为凋落物残留量（g）；a 为修正系数；k 为分解常数；t 为分解时间；X_i为第 i 次凋落物取样干重（g）；X_0为凋落物初始干重（g）。

根据凋落物每月收集量以及每月分解速率，计算凋落物在地面积累的生物量，公式为

$$R_i = \sum_{t=1}^{i} (112.2 \cdot a_i \cdot \mathrm{e}^{-k_i t_i}) \tag{6-30}$$

式中，R_i为第 i 种植物凋落物残留量（g）；a_i为第 i 种植物凋落物的修正系数；k_i为第 i 种植物凋落物的分解常数；t_i为第 i 种植物分解 95%所需时间（月）。

实际红树林样方中还存在枯立木和枯倒木生物量的计算。对于枯立木的生物量计算，根据枯立木的分解状态可分为四类：i 类的特征为大、中、小枝完整（与活立木相比，只是没有叶和花果）；ii 类的特征为无小枝，但有中、大枝；iii类的特征为只有大枝；iv类的特征为完全没有枝，只剩主干。利用修改的活立木生物量异速生长方程（毛子龙等，2012）计算生物量：

$$B_a = a \cdot (D^2 H)^b \cdot (1 - \omega) \tag{6-31}$$

式中，B_a表示枯立木的生物量（$\mathrm{t \cdot hm^{-2}}$）；D、H 分别为胸径（cm）和树高（m）；ω表示枯立木缺枝少叶的折算系数，i 类取 0.02～0.03，ii 类取 0.2，iii类取 0.3，iv类取 0.5。

同理，枯倒木按密度可分为腐木（枯倒木裂开）、半腐木（刀刃进入少许）、未腐木（弯刀敲击枯倒木，刃反弹）。密度级的测算方法为：在样地中以 1m 为分段测定每段两端直径，取其平均为分段的平均直径，由此计算每段的体积，累加得到每一密度级的材积，根据不同密度级推算枯倒木生物量（毛子龙等，2012）：

$$B_b = \sum_{i=1}^{n} \sum_{j=1}^{m} \frac{D_{dc,ij}^2}{4} \cdot \pi \cdot L_{dc,ij} \cdot \rho_{dc} \tag{6-32}$$

式中，B_b表示枯倒木的生物量（$\mathrm{t \cdot hm^{-2}}$）；dc 表示密度级；$D_{dc,ij}$ 表示某密度级第 i 棵枯倒木第 j 区分段的平均直径（cm）；$L_{dc,ij}$ 表示长度（m）；ρ_{dc}表示相应密度级枯倒木的密度（$\mathrm{kg \cdot hm^{-2}}$）。

基于上述公式可以计算出地上生物量、地下生物量、凋落物生物量的值，

求和即为植物总生物量。根据光合作用反应方程式：

$$CO_2 + H_2O \xrightarrow{\text{光合反应}} CH_2O + O_2$$

每产生 1 g 干物质，需要利用 1.62 g CO_2，故有 1 g 植物碳汇量=1.62 g 植物总生物量。

除上述方法外，异速生长法是近 20 年来常用的一种破坏性较小的估算方法，可以估算一棵树的全部或部分生物量，对于估算生物量随时间变化的研究具有较高价值，但不同区域或不同物种的异速生长系数有所差异，且目前在单一树干的红树林生物量估算中适应性较好（毛子龙等，2012）。下面介绍基本的计算公式：

$$\lg B = \lg a + b\lg(D^2H) \text{ 或 } B = a(D^2H)^b \tag{6-33}$$

式中，B 表示生物量（kg）；D 表示胸径（cm）；H 表示树高（m）；a、b 表示回归系数。

（3）土壤总固碳量的测定

首先需要在不同群落区域中确定样方位置，其次就地提取土壤样本并记录样方基本情况，再带回实验室测定 pH、盐度、含水量等基本参数，并进行土壤有机碳（SOC）含量的滴定，然后根据以上结果得出土壤有机碳密度，最后用密度乘群落区域面积得到土壤总固碳量（颜葵，2015）。

土壤有机碳含量测定方法为重铬酸钾外加热法，反应方程式如下：

$$2K_2Cr_2O_7 + 8H_2SO_4 + 3C \longrightarrow 2K_2SO_4 + 2Cr_2(SO_4)_3 + 3CO_2 + 8H_2O$$

$$K_2Cr_2O_7 + 6FeSO_4 + 7H_2SO_4 \longrightarrow K_2SO_4 + Cr_2(SO_4)_3 + 3Fe_2(SO_4)_3 + 7H_2O$$

据此可得出土壤有机碳含量的计算公式：

$$SOC = \frac{0.03(V_0 - V)c}{m} \times 100\% \tag{6-34}$$

式中，SOC 表示土壤有机碳含量（%）；V_0 表示滴定空白时消耗的 $FeSO_4$ 的量（ml）；V 表示滴定土样时消耗的 $FeSO_4$ 的量（ml）；c 表示 $FeSO_4$ 溶液的浓度；m 表示烘干土样质量。

土壤有机碳密度根据土壤容量和含水量计算（解宪丽等，2004），公式如下：

$$T_S=\sum_{i=1}^{n}\Gamma_i\cdot \mathrm{SOC}_i\cdot D_i\cdot(1-S_i) \tag{6-35}$$

式中，T_S表示土壤有机碳密度（kg·m^{-2}）；Γ_i表示第 i 层土壤容重（kg·m^{-3}）；D_i表示第 i 层土壤厚度（m）；SOC_i表示第 i 层土壤有机碳含量（%）；S_i表示大于 2 mm 石砾含量（%）。

2）新兴估算方法

（1）基于遥感技术的估算方法

从 1980 年开始，我国利用遥感技术先后对不同地区芦苇湿地生态系统进行生物量、分布面积、生长状况的估算，后逐渐应用到沿海红树林以及其他植物资源调查中。童庆禧等（1997）对湿地植被成像光谱遥感进行研究，认为植物光谱的导数实质上反映了植物内部物质（叶绿素及其他生物化学成分）的吸收系数波形的变化，而导数光谱是这些物质的光谱指示剂，该项研究还建立了植被生物量与归一化植被因子之间的关系，并实现了植被生物量的制图。该研究表明了高光谱分辨率成像光谱遥感在植被生态环境研究方面具有巨大的潜力，但需要发展有效的算法和模型，以处理和分析成像光谱数据。李仁东和刘纪远（2001）利用 2000 年的 Landsat ETM 数据，首次采用全数字化遥感定量方法对鄱阳湖湿生植被的生物量及其分布进行调查研究。该研究将遥感与野外调查相结合，比较了采样数据与 ETM4 波段数据，以及 NDVI、DVI 与第一主成分数据之间的线性相关关系，建立了采样数据与 ETM4 波段数据的线性相关模型，并据此计算出鄱阳湖 4 月份湿生植被的总生物量，以及编制出整个湖泊生物量的分布图。

由于可见光和红外遥感受到了很大限制，而微波对云雾等穿透能力更强，能够全天候全天时成像，尤其适用于多云雨的热带和亚热带地区，因此合成孔径雷达在区域或局部尺度的生物量监测、生物量分布等领域逐渐成为一种非常有希望、有前途的工具。王树功等（2004）、黎夏等（2006a）、刘凯等（2005）等对于我国红树林湿地植被生物量的雷达估算方法研究最为典型。为了改善单独使用光学遥感的不足，他们利用多时相的遥感图像和专家系统方法对珠江口红树林湿地的时空变化进行了分析，同时结合雷达遥感图像对红树林群落分类及生物量进行估算，此估算模型考虑到了植被湿度的影响，非常适宜进行湿地生物量的估算。他们还根据雷达后向散射系数建立了红树林湿地植被生物量的估算模型，并运用遗传算法确定其中非线性模型的最优参数，对比分析表明，雷达后向散射系数模型比 NDVI 模型在植被生物量估算中有更高的精度。

此外，高光谱遥感技术因其具有波段多、分辨率高、信息量大、图像与光谱合二为一的优点，提高了生物量估算的精度，但遥感数据量大，需要发展适宜的数据存储、压缩和处理技术。

（2）涡度协方差法

涡度协方差法是通过计算物理量脉动与风速脉动的协方差得到湍流通量的方法，也称湍流脉动法，它能够直接监测植被与大气之间的 CO_2 净交换量，即碳通量，是目前在群落上方直接测定群落与大气间交换量的唯一方法，也是目前检验各种生态模型、评价生态系统碳源汇关系、研究环境因子对生态系统碳通量影响的权威资料（于瑞贵等，2006）。根据全球长期通量观测网络（FLUXNET）的统计数据，全球现有 500 多个塔站点在长期运营，但仅有约 11%的通量塔是建立在湿地生态系统内的，其中开展红树林生态系统碳通量研究的塔站点仅有几个，已发布的数据更是极少。与传统研究方法相比，涡度协方差法具有破坏性小、干扰小、可在野外长期连续定位观测等优点，但当观测如红树林生态系统这类开放性湿地生态系统的碳通量时，随潮汐横向输出的碳并不能被塔站点观测到，因此该数据可能高估了红树林的固碳能力。

此外，目前测定生态系统碳通量较常用的微气象学方法还包括空气动力学法、梯度法、热平衡法、热收支法等。

（三）盐沼碳汇能力

上一章提到，盐沼生态系统与红树林生态系统非常相似，不同的是盐沼生态系统多为草本植物，而红树林生态系统有草本和木本植物，故二者草本植物生物量的计算方式相通。一般来说，首先要选取若干样方，其次收集植物样本、枯落物样本和土壤样本，再带回实验室测定植物、枯落物干重及土壤碳含量，最后根据一定公式转化成植物总生物量和土壤固碳量。

（1）植物总生物量与枯落物生物量测定

盐沼草本植物的地上生物量、地下生物量一般同时测定，即植物样品在实验室预处理后烘干至干重，并用元素分析仪测定有机碳含量，枯落物处理方法同上。通过生物量=干重×有机碳含量，计算出单株植物生物量与枯落物生物量。最后根据光合作用反应方程式计算出植物碳汇量。

（2）土壤固碳量测定

采集的土壤样品经净化与酸化处理后烘干测定干重，再用元素分析仪测定有机碳含量，利用公式（6-36）转换成固碳量（严格，2014）：

$$土壤容重=土壤干重/容积 \tag{6-36}$$

$$土壤单位固碳量=土壤有机碳含量\times土壤容重\times土壤厚度 \tag{6-37}$$

$$土壤总固碳量=盐沼面积\times土壤单位固碳量 \tag{6-38}$$

盐沼有机碳埋藏速率计算公式（冯振兴，2015）如下：

$$M_o = \rho_{\mathrm{dry}} \cdot T \cdot C_{\mathrm{TOC}} \tag{6-39}$$

式中，M_o 表示碳埋藏速率（$g \cdot m^{-2} \cdot a^{-1}$）；$\rho_{\mathrm{dry}}$ 表示沉积物干密度（$kg \cdot m^{-3}$）；T 表示沉积速率（$m \cdot a^{-1}$）；C_{TOC} 表示沉积物中有机碳含量（$mg \cdot g^{-1}$）。

将上述植物碳汇量和土壤固碳量相加即得到单株植物的碳汇能力。

（四）海草床碳汇能力

热带海洋牧场中，海草床多分布于海南省东部，根据陈石泉等（2015）的研究，2013 年海南省东部海草床的固碳量为 388.87 $g \cdot m^{-3}$；2016 年海南省海草床固碳量为 364.8 $g \cdot m^{-3}$，总固碳量为 17 746.3 t（吴忠杰，2021）。本部分就海草床生态系统固碳量的估算方法进行介绍。

（1）传统估算方法

海草床生态系统的碳汇能力依赖该生态系统中海草、藻类的高效初级生产力，高效的外源碳捕获能力，以及沉积碳的低分解速率和稳定性。由于海草床和盐沼生态系统相似，因此生物量调查方法相似。首先利用 GPS 记录海草床的实际分布情况，并按照国际提倡的方法采集标本进行海草物种鉴定。其次根据卫星图像确定海草床的样方大小与采样点，再对每种海草采集若干样本，对每种海草深度提取若干重复水样，以及若干沉积物芯样。对于混合海草床，将每种海草的重复沉积物样品组合起来分析。最后将样品带回实验室，进行预处理后分别用元素分析仪测定溶解有机碳和沉积有机碳含量。计算公式与第三节相同。

（2）基于碳通量的估算方法

在海草床生态系统中，存在多个界面的碳交换，因此，海草床生态系统的碳汇量可以用以下通式（仲启铖等，2015）表示：

$$F_{\mathrm{C}} = F_{\mathrm{C,CA}} + F_{\mathrm{C,SA}} + F_{\mathrm{lc}} + F_{\mathrm{sq}} \tag{6-40}$$

式中，$F_{\mathrm{C,CA}}$ 表示植被和大气界面的碳通量；$F_{\mathrm{C,SA}}$ 表示海水和大气的碳通量；F_{lc} 表示近海和海草床生态系统的碳通量；F_{sq} 表示碳沉积通量。

但由于海草床生态系统的开放性、复杂性，碳通量的估算难度较大，目前较经典的计算海草碳通量的方法是 Mateo 和 Romero（1997）建立的基于系统物质平衡的通量估算模型，该算法包括基于海草落叶的碎屑通量算法、捕食通量算法，以及海草生态系统碳输出模型等，为建立海草生态系统碳通量计算模式提供了指导。

（3）基于遥感技术的估算方法

目前遥感技术已实现对海草床分布面积、密度和种群结构等的鉴别，并逐渐向海草床碳通量、碳汇量估算中普及，如杨顶田等对华南沿海海草的分布和历史演变进行了较为详细的遥感研究，精度超过 80%（杨顶田，2007；杨顶田等，2013）；Sani 和 Hashim 在 2019 年运用 Landsat ETM 和 RS 技术，对马来西亚槟城海草床地上总碳量进行测绘和估算，证实了 BRI（bottom reflected index）模型和 DII（depth invariant index）模型能够提高测算精度；Dierssen 等（2010）将前人建立的海草床中初级生产力的分层模式运用到卫星遥感数据上，获得了较好的效果。由此可知，在未来，遥感技术与各类生态模型的结合，将在一定程度上提高遥感技术的作用，拓宽遥感技术的应用范围，并给大面积测算海草碳通量、碳汇量提供启示和借鉴方法。

五、旅游住宿碳汇能力

根据上一章的分析，我们从“碳减排”即是“碳汇”的角度，认为建筑材料、住宿设施类型、出租率及经营理念等方面的碳排放量就是热带海洋牧场旅游住宿业可以实现的碳减排的空间，也即住宿碳汇能力。

（一）不同建筑材料碳减排能力

（1）建筑材料生产碳排放计算模型

建筑材料生产阶段的碳排放主要是由于建筑材料在生产过程中消耗的电力、煤、石油、天然气等能源及生产工艺环节物化反应而释放出大量的温室气体（Srebric et al.，2008），建筑材料主要包括水泥、钢材、铝材、建筑玻璃、木材、卫生陶瓷、混凝土等，由于不同建筑材料采用的工艺不同，故生产单位质量建筑材料的碳排放量并不相同，可确立各建筑材料的碳排放系数（指生产 1t 建筑材料所产生的碳排放量）（Gan，1995；Yuan et al.，1999；Zhao et al.，2009；Zhang et al.，2009；封泽鹏和刘泽勤，2014），如表 6-5 所示。

表 6-5 建筑材料碳排放系数

建筑材料	水泥	钢材	铝材	建筑玻璃	木材	卫生陶瓷	混凝土
碳排放系数	1.310	1.400	2.500	0.958	0.372	0.733	0.150

由此可得建筑材料生产过程中总碳排放量计算公式为

$$Q_1 = \sum_{i=1}^{n} M_i \omega_i \tag{6-41}$$

式中，Q_1 为建筑材料生产碳排放（kg）；M_i 为第 i 种建筑材料的用量（kg）；ω_i 为第 i 种建筑材料的碳排放系数。

（2）建筑材料运输碳排放计算模型

建筑材料运输阶段的碳排放主要是由于建材在运输过程中消耗的石油、煤等释放出温室气体，其中运输方式主要包括公路运输、铁路运输、水路运输三种，但其排放量的大小不仅仅取决于运输机械采用的能源形式或者运输方式，还受到建筑材料运输质量大小、运输距离因素的影响，故建筑材料运输碳排放量的计算公式为

$$Q_2 = \sum_{i=1}^{n}\sum_{j=1}^{m} \beta_j M_i L_{ij} \tag{6-42}$$

式中，Q_2 为建筑材料运输碳排放（kg）；β_j 为第 j 种运输方式运输碳排放系数（$kg \cdot t^{-1} \cdot km^{-1}$）；$M_i$ 为第 i 种建筑材料质量（t）；L_{ij} 为第 i 种建筑材料在第 j 种运输方式下的运输距离（km）。

（3）建筑施工碳排放计算模型

建筑施工的碳排放主要来源于施工机械石油、电能的消耗，其中耗能方式包括混凝土搅拌、振捣、施工照明、办公及生活用电等，其主要计算公式为

$$Q_3 = K_a \eta_a + K_b \eta_b \tag{6-43}$$

式中，Q_3 为建筑施工碳排放（kg）；K_a、K_b 分别为耗电量和能源消耗量；η_a、η_b 分别为电力及能源的碳排放系数。

综上可知，海洋牧场旅游区基础旅游设施建设所涉及的碳排放主要分为建筑材料生产碳排放 Q_1、建筑材料运输碳排放 Q_2、建设施工碳排放 Q_3 三大部分，故结合（1）（2）（3）可知其总碳排放量的计算公式为

$$Q_{总} = Q_1 + Q_2 + Q_3 \tag{6-44}$$

（二）不同住宿设施类型碳减排能力

住宿业作为旅游业一个重要的用能部门，其碳排放量占旅游业碳排放总量的 21%（Scott et al.，2007）。上一章提到，在众多的住宿设施类型中，住宿碳排放主要包括由通风、照明、加热、制冷、热水供应、烹饪及其他电器、一次性生活用品消耗、海水淡化等带来的碳排放。其中水、电的碳排放均为间接性碳排放因素，故为实现对其碳排放的规模的比较估算，引入碳排放转换因子，并拟定碳排放系数，由此测算住宿业碳排放规模（张红霞等，2017），如下所示：

$$C_{排} = \sum_{i=1}^{n} P_i \times \beta_i \tag{6-45}$$

式中，$C_{排}$ 为住宿业碳排放量（Mt）；P_i 为某类旅馆住宿的住宿者规模人次；β_i 为不同住宿类酒店的碳排放系数（kg・床$^{-1}$・晚$^{-1}$）。

不同住宿设施类型的直接用能碳排放量有较大的差异。规模越大、设施越豪华、服务项目越多的住宿设施类型的能耗就越大（李旭等，2013）。Gössling（2002）在总结前人研究的基础上，得出不同类型旅游住宿设施的能源消耗和碳排放水平，如表 6-6 所示。在国内，根据石培华和吴普（2011）的研究，星级酒店是中国最大的能耗旅游业住宿设施类型，2008 年中国星级酒店的能源消耗量为 96.8 PJ，CO_2 排放量为 15.36 Mt。王秋娜（2021）的研究结果表明，海南省旅游住宿业的碳排放量由 2005 年 0.151 109 Mt 上升到了 2016 年 0.398 718 Mt。

表 6-6　不同住宿设施类型能耗及 CO_2 排放量

住宿设施类型	每床每晚能源消耗量/MJ	能源消耗总量/PJ	每床每晚 CO_2 排放量/kg	CO_2 排放总量/Mt
酒店	130	351.1	20.6	55.7
露营营地	50	49.8	7.9	7.9
公寓	25	17.2	4.0	2.7
自炊式旅馆	120	73.4	19.0	11.6
度假村	90	11.4	14.3	1.8
度假别墅	100	5.0	15.9	0.8
合计	—	507.9	—	80.5

（三）不同出租率及经营理念碳减排能力

根据不同住宿设施的出租率可以得到住宿人次，根据不同住宿设施的碳减排理念可以估算其平均碳排放量，将二者代入公式（6-45）即可得到其碳排放量。

六、海洋生态系统碳汇能力

（一）物理溶解度泵

CO_2易溶于水，溶于水后与水发生各种化学反应：

$$CO_2(g) \rightleftharpoons CO_2(aq)$$

$$CO_2(aq) + H_2O \rightleftharpoons H_2CO_3$$

$$H_2CO_3 \rightleftharpoons H^+ + HCO_3^-$$

$$HCO_3^- \rightleftharpoons H^+ + CO_3^{2-}$$

因此CO_2进入海洋主要以DIC形式存在，其中以HCO_3^-的含量最高，约占总量的90%；其次为CO_3^{2-}，约占9%；CO_2（aq）和H_2CO_3不到1%。海-气界面通常存在一个CO_2浓度梯度，在大气和洋流的综合作用下，界面上进行着大量CO_2交换。CO_2从大气中溶入海水的过程称为“物理溶解度泵”。据估算，全球每年排入大气中的碳约为5.5 Gt，通过海气交换净吸收的CO_2约为2 Gt，占总排放量的36%（Fasham et al.，2001）。在千年的时间尺度上，海洋通过海气交换调节了大气中的CO_2浓度，进而调节了全球的气候变化，在海洋碳循环过程中的作用极其重要。海-气界面CO_2交换速度通常用单位时间单位面积的CO_2交换通量来表示，称为海-气界面CO_2交换通量。海-气界面CO_2交换通量受多种理化和环境条件综合作用影响，除受表层海水的温度和盐度影响外，还受海水表面的风速影响。最常用的计算海-气界面CO_2交换通量的公式如下（Wanninkhof and McGillis，1999）：

$$F = ka_s \Delta pCO_2 \tag{6-46}$$

式中，F为海-气界面CO_2交换通量；k为扩散常数，是与风速、温度、盐度相关的函数；ΔpCO_2 为海-气界面 CO_2 分压差；a_s 为海水中 CO_2 的溶解度系数，是与温度和盐度相关的函数，目前研究较多使用 Weiss（1970）的推导公式：

$$
\begin{aligned}
\ln a_s = & -58.0931 + 90.5069\left(\frac{100}{T}\right) + 22.2940\ln\left(\frac{T}{100}\right) \\
& + S\left[0.027166 - 0.025888\left(\frac{T}{100}\right) + 0.0050578\left(\frac{T}{100}\right)^2\right]
\end{aligned}
\tag{6-47}
$$

式中，T 为绝对温度，海-气界面 CO_2 交换通量还受热盐环流、洋流以及纬度和季节变化影响。由于海水中 CO_2 溶解度与温度负相关，所以 CO_2 在高纬度地区由于水温低溶解度高，在低纬度地区由于水温高溶解度低。这导致了高纬度冷水吸收了大量 CO_2，并通过下降流将其带到洋底；富含 CO_2 的海水通过底层洋流输送到赤道附近，以上升流将其带到海面，由于温度上升，CO_2 溶解度下降，大量 CO_2 从海水释放。每年大约有 40 Gt CO_2 在高纬度海水被吸收而在低纬度释放（Fasham et al.，2001）。但从整体来看，海洋对大气是一个净吸收的过程，每年约有 2 Gt CO_2 被海洋吸收（张明亮，2011；Fasham et al.，2001）。

（二）海洋生物泵

生物过程在海洋碳的自然分布中起着重要的作用，它使海洋中碳的储量大大增加。在本节中我们用包含海洋化学过程和一个简单生物过程的三维碳循环模式来研究物理溶解度泵和海洋生物泵在海洋碳循环中的作用。为了研究物理溶解度泵和海洋生物泵在自然碳循环中的作用以及对海洋吸收人为 CO_2 的影响，我们用两组运行来模拟物理溶解度泵和海洋生物泵的作用，一组运行只包含物理溶解度泵过程，称为物理溶解度模式，另一组运行包含物理溶解度泵和海洋生物泵过程（金心和石广玉，1999）。海洋生物泵的贡献就是这两组模式模拟的差（金心和石广玉，2001）。

在模式中没有考虑海底的沉积过程和河流的输入。这是因为在我们考虑的时间尺度内可以认为海洋的自然碳循环过程是处于稳态的，而一般认为河流的碳输入等于海底沉积过程的碳减少，因此不考虑海底的沉积过程和河流的输入并不会影响模式的模拟结果。由此，在海洋中磷酸盐和总碱度的值也是守恒的（金心和石广玉，2001）。

海水表面的 CO_2 的分压 pCO_2 可由碱度、总 CO_2 含量、温度和盐度求得，总碱度由碳-硼酸盐-水系统决定，硼酸盐的含量是盐度的线性函数，碳、硼酸盐和水的化学平衡常数取自（Dickson and Millero，1987），海-气界面 CO_2 的交换通量与大气和海洋中的 pCO_2 的差值成正比（金心和石广玉，2000）。公式如下：

$$S = K_g (pCO_{2,O} - pCO_{2,a}) \tag{6-48}$$

式中，S 为交换通量；$pCO_{2,O}$ 为海洋中 CO_2 气压；$pCO_{2,a}$ 为大气中 CO_2 气压；交换系数取 K_g=0.06 mol • m^{-2} • a^{-1} • $uatm^{-1}$，这是与风速有关的气体交换系数的全球平均值。

海洋生物过程对海洋化学物质浓度的分布产生影响。我们考虑了其中简单但最重要的生物过程——新生产。在海洋表面大多数初级生产只在生成的地方循环，只有其中一部分叫作新生产的有机物下沉到深海并再矿化，所以我们要模拟的是这些新生产。光合作用和生物生产只在海洋表面发生。新生产 P 是磷酸盐浓度[PO_4]和入射因子 L_f 的函数（金心和石广玉，1999）：

$$P = r \cdot D_e \cdot L_f \cdot [PO_4] \cdot \frac{[PO_4]}{h + [PO_4]} \tag{6-49}$$

式中，h 是磷酸盐浓度的半饱和常数（0.02 μmol • L^{-1}）；D_e 是表面层厚度，等于 47 m；r 是比例系数，取 $2a-1$（称为生物生产效率）；入射因子 L_f 与年平均太阳辐射成正比，是纬度的函数并归一化为 $0 \leqslant L_f \leqslant 1$（金心和石广玉，2001）。POC 的组成遵从雷德菲尔德比率：

$$P:N:C:O_2 = R_P:R_N:R_C:R_O = 1:16:106:138$$

P、N、C、O_2 分别为浮游生物中 P、N、C、O_2 含量；R_P 为下落到海水中 P 的含量；R_N 为下落到海水中 N 的含量；R_C 为下落到海水中 C 的含量；R_O 为下落到海水中 O 的含量。模式中的参数下落比（海洋深海和表面层之间 CO_2 浓度差与碱度的相应的比值）总值取 R=0.06（金心和石广玉，2001）。

模式中 POC 通量的表达式如下：

$$\mathrm{POC_{flux}} = \mathrm{e\text{-}ratio} \cdot \mathrm{NPP} \tag{6-50}$$

式中，POC_{flux} 为 POC 输出比；e-ratio 为碳输出率；NPP 为净初级生产力。

POC 通量的垂直迁移公式为

$$POC(z) = POC(z_0) \cdot (z / z_0) \cdot a \tag{6-51}$$

式中，$POC(z)$和 $POC(z_0)$分别是水深 z 和 z_0 处的 POC 通量, a=−0.858。

（三）海洋碳酸盐泵

海洋碳酸盐泵通过颗石藻等钙化生物吸收海水钙离子（calciumion，Ca^{2+}）和 DIC 合成 $CaCO_3$ 骨骼，同时向周围水体释放 CO_2；生成的 $CaCO_3$ 颗粒也会沉降至深海并携带 POC。具体为生物光合作用吸收，使表层海洋 CO_2 浓度降低并输送 $CaCO_3$ 至深海，后因呼吸作用又释放出 CO_2，从而在海洋内部产生了的垂直梯度。然而一部分有机碳在海平面下几百米海洋即被矿化分解（Martin et al.，1987），短时间内将和营养盐重新归还至表层海洋。海洋碳酸盐泵驱使 $CaCO_3$ 从表层输出从而弥补了这部分有机碳通量的损失。从以下化学方程式可知生成 1mol $CaCO_3$ 沉淀的同时会释放出 1 mol CO_2，TAlk 和 DIC 则分别降低 2 mol 和 1 mol。所以与光合作用相反，钙化作用驱使表层海洋碳酸盐系统偏向高浓度一侧，故海洋碳酸盐泵又称为“碳酸盐反向泵”。

$$106CO_2+122H_2O+16HNO_3+H_3PO_4 = (CH_2O)_{106}(NH_3)_{16}H_3PO_4+138O_2$$

$$Ca^{2+}+2HCO_3^- = CaCO_3\downarrow +CO_2\uparrow +H_2O$$

根据上述方程式，光合/呼吸作用单独发生时，TAlk 和 DIC 的变化比值近似为 0（△TAlk/△DIC=17/106≈0.16，若使用潜在碱度 PTA，该值即为 0），钙化/溶解作用单独发生时△TAlk/△DIC 值等于 2，而两者共同发生时△TAlk/△DIC 值应在 0～2 变动。根据 Robertson 等（1994）的简单计算方法，TAlk 或 PTA 与 DIC 的线性回归曲线斜率即表征△TAlk/△DIC 值。再假设光合作用和钙化作用分别利用 x 和 1 单位碳，则

$$R=2/(1+x), \quad x=2/R-1, \quad C_{morg} : C_{org}=1 : x =1 : (2/R-1) \tag{6-52}$$

式中，R 为△TAlk/△DIC 值，C_{morg} 为钙化作用利用的碳，C_{org} 为光合作用利用的碳。作用变化如图 6-1 所示（曹知勉，2008）。

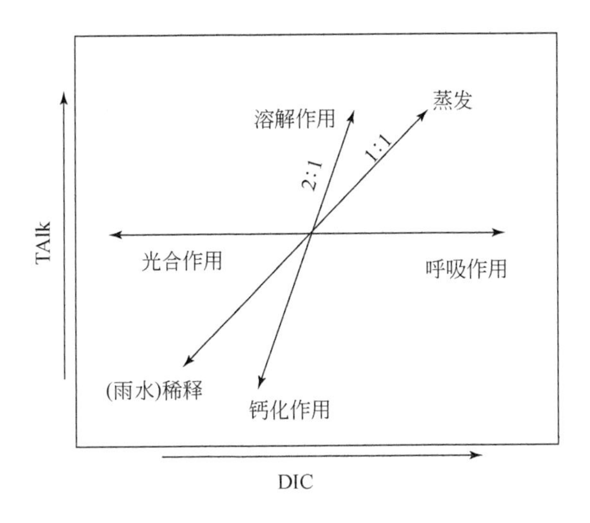

图 6-1　不同过程中 TAlk 和 DIC 变化关系

七、人工鱼礁碳汇能力

海洋牧场人工鱼礁随着投放时间变长，附着生物越来越多。根据具体建礁海区附着生物实际多样性，采用礁体定量取样的方法分析生物种类及各物种生物量，估算礁区总附着面积，计算礁体各种附着生物的生物量，并对不同生物的碳含量系数进行测定，得出礁体附着生物的总固碳量，计算公式如下：

$$C_f = \sum_{i=1}^{n}(c_i \times E_i) \tag{6-53}$$

式中，C_f为附着生物总固碳量；n 为附着生物种类数；c_i 为某一附着生物体含碳系数；E_i 为某一附着生物总量（李娇等，2013）。

目前人工鱼礁建设的主要目的是进行沿海经济物种的增养殖，较深海区的礁体多用于诱集和增殖岩礁性经济鱼类，浅海区人工鱼礁多用于刺参、鲍鱼等海珍品增养殖。通过人工增殖放流经济物种扩增生物量，充分发挥礁区生态系统的经济价值。同时，增殖经济物种的捕捞则将大量生物碳以海产品的形式从海洋中取出，提升了海区的生物固碳能力。因此，通过获取增殖放流的生物产量以及含碳系数计算海区所有增养殖生物的总固碳量。

根据人工鱼礁增养殖业的特征，礁区自然与人工增养殖物种皆具有多样性，且生物以海域天然食物为饵料，无需人工投喂，其生长过程中体内积累的碳完全来自海区。因此，可得到海区所有增养殖生物的总固碳量统计公式：

$$C_{bt} = \sum_{i=1}^{n} [d_i \times (E_{it} - E_{ie} + E_{if})] \tag{6-54}$$

式中，C_{bt}为增养殖资源移出总碳量；n为增养殖物种种类数；d_i为某一增养殖物种生物体含碳系数；E_{it}为某一增养殖物种初始生物量；E_{ie}为某一增养殖物种总移出量；E_{if}为某一自然物种移出量（李娇等，2013）。

因此，人工鱼礁的碳汇量为附着生物总固碳量 C_f 与增养殖资源移出总碳量 C_{bt} 的总和。

第七章　热带海洋牧场旅游碳汇扩增建议

一、热带海洋牧场旅游碳汇政策制定

2021 年 10 月 24 日，中共中央、国务院发布《关于完整准确全面贯彻新发展理念做好碳达峰碳中和工作的意见》[①]，这是中国碳达峰、碳中和的顶层设计文件，各个行业需根据此顶层文件进行具体落实。旅游业，乃至海洋旅游业也需进行“双碳”管理顶层设计，从上到下实施部署。首先，需要加强旅游碳汇行业管理，有针对性地打造低碳的旅游管理团队。制定旅游相关行业的碳汇标准，通过一系列措施来提升碳汇旅游的发展水平。积极在旅游业推进碳汇工作，并有针对性地给予经济和政策方面的优惠。其次，加强低碳旅游人才培养。建设碳达峰、碳中和人才体系，鼓励高等学校增设碳达峰、碳中和相关学科专业。在低碳旅游或旅游碳汇经济发展的过程中，旅游人才的培养至关重要，要有针对性地搭建科学的从业人员培训体系，可以通过校企合作的方式加强低碳旅游人才的培养工作，结合低碳旅游发展的需求，针对性地要求在旅游人才培训的过程中增加关于低碳旅游的内容。政府部门可通过补贴的方法来提升企业和从业者对低碳旅游培训的积极性。最后，完善旅游碳汇科技政策管理。旅游碳汇涉及的行业非常广，例如绿色能源技术，高效率太阳能电池、可再生能源制氢、可控核聚变、零碳工业流程再造等低碳前沿技术，风电、太阳能发电大规模友好并网的智能电网技术，电化学、压缩空气等新型储能技术，氢能生产、储存、应用关键技术，规模化碳捕集利用与封存技术。建立完善绿色低碳技术评估、交易体系和科技创新服务平台（唐承财等，2021）。

二、热带海洋牧场生态环境碳汇扩增建议

近几年海洋牧场碳汇研究才刚刚起步，主要是对海洋牧场部分生物碳汇要

① 资料来源：http：//www.gov.cn/zhengce/2021-10/24/content_5644613.htm.

素、特征与机理进行了研究，没有建立海洋牧场的碳汇功能模型。尤其是在海洋牧场碳汇的扩增和途径等方面，国内外研究都比较缺乏。在 2011 年香山科学会议上，与会专家提出充分了解海洋生物在整个海洋碳汇中起到的作用和功能、有效地推动和发展碳汇渔业将是生物碳汇增长的主要途径。提高海洋牧场碳汇的技术与途径，主要是通过海洋牧场碳汇机制方面考虑。泽农（2011）提出通过增加人工鱼礁数量和加大增殖放流数量，充分合理地利用现有种苗繁殖场和驯养场，基于底播增殖与人工增殖放流等方法大力推进海洋牧场建设，更好地发挥海洋牧场的固碳作用。李纯厚等（2011）探索了海洋牧场对于海洋资源养护与海域碳汇能力提高等相关方面的作用，研究结果表明，人工鱼礁的投放使海域的碳汇提高了 937.4 kg C，约为 3.44 t 二氧化碳，所以加大人工鱼礁投放力度、增加增殖放流数量和扩建海洋牧场都可以大大增强海洋牧场整体的碳汇能力，这也是扩增海洋牧场碳汇基本的方法和途径。

海洋牧场中海洋浮游植物通过光合作用产出的颗粒有机物一部分流向浮游动物或者滤食性生物，参与碳循环，另一部分沉降到海洋底层，跟其他物质一起组成海底沉积物。这个完整的过程实现了对浮游植物产出的颗粒有机物固定，也就是“固碳”作用，以此来减少海洋表层水体的碳含量，同时通过营养盐的吸收提高海水碱度，促进空气中 CO_2 溶解到海水中，进而影响海–气界面的 CO_2 交换通量。因此，可以从降低海洋牧场水体中 CO_2 分压、促进大气中 CO_2 进入水体的角度来提高海洋牧场碳汇能力。海洋牧场中的次级生产者，日常代谢向水体中释放 CO_2 会提高海水中的 CO_2 分压，这会导致大气中 CO_2 泵入海水的量减少，甚至会使海水向大气中释放 CO_2。次级生产者在海洋生物泵固碳作用中具有举足轻重的地位，因此及时移出海洋牧场适量的增养殖生物也是提高海洋牧场碳汇能力的途径。基于此，有必要开展海洋牧场增养殖生物生理生态过程、固碳机理和最适捕获量的研究。海洋牧场建成后不需外源投饵，而渔业资源量增加明显，收获增殖的鱼、贝和藻类等都相当于从海域中移出了碳。因此，海洋牧场在渔业资源养护和增殖方面具有重要的作用，从碳汇渔业产出的角度来考虑捕捞海洋牧场增殖品种可提升海洋牧场碳汇量。建设海洋藻场，提高海域初级生产力，可以提高海域牧场的碳汇能力。目前，日本、美国等发达国家正在建设海洋藻场，定量研究藻场的固碳作用，希望能够量化藻场生态系统对海洋碳汇的贡献。日本已于 2008 年开始建造丰饶海藻场，通过三年跟踪数据采集，掌握藻场建设固定吸收 CO_2 的客观数据。

从海洋碳酸盐泵固碳作用考虑，利用生物钙化作用，降低水体中碳酸氢根离子浓度，从而降低海水中 CO_2 分压，促进海区吸收大气中的 CO_2。在欧洲许多国家已经开展了贝类增殖，法国是欧洲最大的扇贝生产国，其国内开展了大量的扇贝增殖生成活动，在冰岛和苏格兰建设了大量贻贝增殖海区；德国莱布尼茨海洋科学研究所则开展了棘皮动物固碳研究，研究发现海胆、海星等棘皮动物具有强大的固碳功能。通过对金城海洋牧场增殖礁附着牡蛎固碳量估算得出：莱州湾圆管型增殖礁礁龄 5 年、4 年和 3 年的礁体附着牡蛎固碳量分别为 $17.61\ kg \cdot m^{-3}$、$16.33\ kg \cdot m^{-3}$、$10.45\ kg \cdot m^{-3}$。2009～2013 年，莱州湾金城海域 $64.25\ hm^2$ 海洋牧场圆管型增殖礁礁体上附着牡蛎总固碳量约为 297.5 t C，相当于封存了 1071 t CO_2，封存固定这些 CO_2 所需费用约为 1.6×10^5～6.4×10^5 美元。而且附着牡蛎能够滤食水体中的悬浮物，净化水体，提高水体透明度，可以使海水中的光照强度增强，可以增强海区的初级生产力，起到提升海洋牧场固碳能力的作用。附着牡蛎具有巨大的生态效益和经济效益。因此，增大海洋牧场中增殖礁的投放量，为牡蛎提供更大面积的附着点，使附着牡蛎在海洋牧场增汇方面发挥更大的作用（公丕海，2014）。

海洋牧场生态系统碳汇扩增的方法和途径有以下多个方面。

（1）加大人工鱼礁投放力度，扩大海洋牧场建设面积

南海本身就是一座巨大的渔业宝库，有 20 余个天然渔场，加之南海众多岛礁海域珊瑚礁区域广阔，各种珊瑚礁鱼类、大型石斑鱼、鲷科鱼类资源十分丰富。海洋牧场建设可以实现生态环境修复、鱼群聚集等功能，随着人工鱼礁的投入，将会大大改善海洋生态环境，同时可将南海渔业资源吸引到海洋牧场区域，通过光合作用、钙化作用等，不断提升海洋碳汇能力（王德芬等，2012）。加大人工鱼礁投放力度，扩大海洋牧场建设面积，发挥其渔业资源养护和增殖方面的作用，增加碳汇，同时又可以产生更多的经济效益。

（2）优化海洋牧场主要增殖种类与附属种类间的搭配组合

海洋牧场是资源管理型渔业的主要方式之一，是一个新型的增养殖渔业系统，这种生态型渔业发展模式颠覆了以往单纯的以捕捞、设施养殖为主的传统渔业生产方式，克服了过度捕捞带来的资源衰退以及近海养殖引起的海水污染和病害加剧等弊端，真正实现海洋经济发展和海洋生态环境保护并重。优化海洋牧场主要增殖种类与附属种类间的搭配组合，可以使海洋牧场的生态功能和碳汇作用达到更优。通过计算、模拟和确定增殖对象的规格、增殖密度、种间数量等参数，以达到生物间互利，最终实现经济效益与生态效益共同提高的目标。

（3）定时适量地捕获海洋牧场增养殖生物

除了海洋牧场本身强大的聚鱼效果，还可在适合的海洋生态环境下投放适宜和适量的增养殖物种，尤其是固碳作用较大的物种，根据增养殖生物的生长周期和特点，通过定时适量地捕获海洋牧场增养殖生物，从另一个角度将碳从海洋中移出，使海洋牧场生物得以循环产出，让碳汇渔业起到更大的作用。

（4）构建多营养层次的综合海洋牧场

通过构建多营养层次生态养殖模式，形成田园型海洋牧场。在适宜人工造礁的海域底部投放以混凝土构件礁为主的生态鱼礁，进行底播增殖、放流、生态修复；在中层投放各种形态的悬浮鱼礁，使海底潜水的吸引物更丰富，同时，还可以在中层实施筏式贝类养殖，包括鲍、扇贝、珍珠贝等，进而开发相应的认领、采集、制作等旅游活动；在上层进行藻类植物的养殖，为中层和底层生物提供食物，同时还可以通过加工制造产生经济价值。通过海洋牧场建设，实现养殖系统内物质最大程度的循环利用，把营养损耗及对环境的压力降到最低，推动养殖产量和效益大幅度提高，提升海洋牧场整体碳汇能力，真正实现经济效益和生态效益的共赢。

（5）增加碳汇型人工鱼礁的设计、制作与投放

人工鱼礁就是人们在海中设置的构造物，其目的是改善海洋环境，为动、植物营造良好的环境，为鱼类等游动生物提供繁殖、生长发育、索饵等的生息场所，达到保护、增殖和提高渔获量的目的。但人工鱼礁的投放在前期仍然会对海洋生态环境产生扰动和一定的破坏作用，因此，人工鱼礁材质的选择非常重要。人工鱼礁按不同的制造材料可分为石块鱼礁、木筐树木鱼礁、废轮胎鱼礁、废车船鱼礁、混凝土鱼礁、钢筋鱼礁以及由聚乙烯材料制作而成的各类底鱼礁、浮鱼礁等。有的模拟洞穴，有的模拟坑槽、岩缝，以及大型组装鱼礁。开展人工鱼礁材质及其对海洋生态环境方面的研究，选择对生态环境破坏较少的材质，并进行相关鱼礁类型的设计和实现，提高碳汇能力。

（6）加强近海自然碳汇及其环境的保护和管理

盐沼、红树林、天然海草床和珊瑚礁是海洋碳汇的重要组成部分，应采取有效措施，对现存的海洋植物区系进行保护。国家和海南省颁布了各种法律法规来限制人为活动对海岸带盐沼、红树林和海草床的破坏，划定了生态红线区，在红线区内不能开展任何人为活动，已经开展的农业或者养殖区域要退耕还林、退塘还林，可以为海南省海洋碳汇提供有力支持。另外，本书主要研究热带特有的珊瑚礁生态系统，主要原因是热带海洋牧场的建立是以观光休闲旅游

为初衷建设的。目前珊瑚礁受到了严重的污染，海底珊瑚礁大面积地死去，急需海洋学领域的专家进行研究，挽救珊瑚礁。目前海洋牧场建设的实践证明，人工鱼礁的投放有利于珊瑚礁生态系统的修复，同时珊瑚礁生态系统又可以吸引和培育更多的底播增养殖生物和游泳类硬骨鱼类，进一步提高了海洋碳汇的增扩作用。

三、热带海洋牧场旅游碳汇增碳建议

（一）积极推进海洋牧场低碳旅游模式

休闲型海洋牧场就是海洋牧场与低碳旅游的有机结合，将增加海洋碳汇的海洋牧场与降低碳源的低碳旅游融为一体，从根本上体现了环保经济，使得海洋牧场在提高经济水平的同时也能保护好海洋资源，实现海洋牧场经济的可持续发展。减少碳排放量，极大缓解了 21 世纪最严重的两个问题——全球变暖和能源危机。

开创全新的低碳环保旅游模式，结合海洋牧场引领海岛旅游模式新风潮，推动海岛旅游模式建设成为更贴合自然、可持续发展的全新经济模式，创造旅游产业新经济增长点。同时，在海洋牧场建设背景下发展海岛低碳旅游，实施党中央提出的可持续发展的基本战略，紧跟时代发展需要，保护生态环境的同时为海南养殖业带来源源不断的经济效益，可谓相得益彰。

（二）对旅游者进行碳汇教育，增加生态型旅游者比例和数量

旅游者作为旅游项目和活动的主体，随着国内外旅游业不断发展，数量不断攀升，其碳排放和碳汇累加将是不可忽视的数量；同时，生态型旅游者除了在旅游活动中能体现碳汇能力，还会将碳汇思想体现在生活中的方方面面。因此，对旅游者进行碳汇教育，对旅游碳汇及日常碳汇都具有十分重要的意义。旅游者的碳汇教育包括全球气候变暖产生的原因和后果，中国碳达峰、碳中和的目标和重要意义，低碳行为及产生的积极作用等诸多相关内容，可以通过网络、公众号、标语、导游教育或交易优惠等多种方法实现，为使生态型旅游者能得到肯定和鼓励，可以对旅游者的低碳行为给予经济方面的优惠，使生态型旅游者的数量和比例不断增加，最终实现碳排放的减少，即碳汇量的增加。

（三）建立旅游各相关行业碳汇标准，积极推进低碳运营模式

与旅游业相关的行业众多，关系密切的主要有旅游交通、住宿业、旅游项目等，不同经营理念的行业，其碳排放量有较大差别，尤其随着国内外旅游业规模不断扩大，旅游交通和住宿设施数量越来越多，碳排放的差别将是巨大的。可以通过制定热带海洋牧场旅游相关各行业的碳汇标准，促使各行业在开发利用和经营管理中充分考虑碳排放差别，选择碳排放更少的方式，使旅游行业碳汇能力不断提升。同时，政府相关机构对不同碳汇标准的旅游行业应给予不同的财政或政策方面的鼓励和支持。

（四）构建海洋牧场综合技术与管理平台，推动海洋牧场及旅游开发可持续发展

为了增加海洋牧场碳汇，需要构建先进的海洋牧场综合技术与管理平台。首先，针对海洋牧场渔业增养殖部分，应该研发海洋牧场区高效、生态环保型采捕技术，开展牧场对象生物的选择性生态型渔具渔法研发工作，开发生态保护型采捕技术，提高对象生物捕捞效率，确保生态环境影响最小化；其次，针对海洋牧场碳汇效益分析，研发基于海洋牧场生态系统的产量评估技术，建立海洋牧场产出最优化评价方法体系；再次，为保障海洋牧场及其旅游开发可持续发展，研发基于海洋牧场生态系统的产出规模控制技术，优化海洋牧场产出模式，保障海洋牧场良性可持续生产；最后，建立从苗种、驯化、育成、采捕到销售的海洋牧场全产业链条的连续数据采集和全过程追溯技术，构建海洋牧场综合技术与管理平台，以不断推进技术的改进和提高管理的高效性。

参 考 文 献

白煜琦，郑明明，卢洪刚，2019. 青岛西海岸蓝碳生态系统综述[J]. 世界环境(1)：38-40.

蔡萌，汪宇明，2010. 低碳旅游：一种新的旅游发展方式[J]. 旅游学刊，25(1)：13-17.

曹磊，宋金明，李学刚，等，2013. 中国滨海盐沼湿地碳收支与碳循环过程研究进展[J]. 生态学报，33(17)：5141-5152.

曹俐，王莹，2020. 海水养殖的碳汇潜力估算及其与经济发展的脱钩分析：以三大沿海地区为例[J]. 海洋经济，10(5)：48-56.

曹梅，葛伟宏，韦寿永，等，2021. 现代休闲渔业研究进展[J]. 安徽农学通报，27(20)：61-64.

曹薇，2015. 旅游业中低碳管理的运用策略以及对发展我国低碳旅游的建议[D]. 苏州：苏州大学.

曹知勉，2008. 南海无机碳代谢及其在碳循环中的作用初探[D]. 厦门：厦门大学.

常纪文，2010. 哥本哈根会议后中国气候变化的应对策略[J]. 前进论坛(2)：15-16.

常理，2016. 建设海洋牧场 保障蓝色粮仓[J]. 中国食品(12)：108-109.

陈飞，诸大建，许琨，2009. 城市低碳交通发展模型，现状问题及目标策略：以上海市实证分析为例[J]. 城市规划学刊(6)：39-46.

陈海珊，2012. 长沙市低碳生态旅游发展评价体系构建[D]. 长沙：中南林业科技大学.

陈卉，2013. 中国两种亚热带红树林生态系统的碳固定、掉落物分解及其同化过程[D]. 厦门：厦门大学.

陈力群，张朝晖，王宗灵，2006. 海洋渔业资源可持续利用的一种模式：海洋牧场[J]. 海岸工程(4)：71-76.

陈丕茂，舒黎明，袁华荣，等，2019. 国内外海洋牧场发展历程与定义分类概述[J]. 水产学报，43(9)：1851-1869.

陈石泉，王道儒，吴钟解，等，2015. 海南岛东海岸海草床近 10 a 变化趋势探讨[J]. 海洋环境科学，34(1)：48-53.

陈蔚芳，2008. 南海北部颗粒有机碳输出通量、季节变化及其调控过程[D]. 厦门：厦门大学.

陈心，冯全英，邓中日，2006. 人工鱼礁建设现状及发展对策研究[J]. 海南大学学报（自然科学版）(1)：83-89.

陈勇，于长清，张国胜，等，2002. 人工鱼礁的环境功能与集鱼效果[J]. 大连水产学院学报(1)：64-69.
陈梓涵，2020. 九段沙潮汐盐沼湿地 CO_2 通量及影响机制研究[D]. 上海：华东师范大学.
楚璇，2008. 旅游利益相关者视域内的旅游者行为规范[D]. 长沙：湖南师范大学.
褚梦凡，肖晓彤，丁杨，等，2021. 海南儋州湾红树林区沉积有机质来源及碳储量[J]. 海洋科学，45(2)：22-31.
崔晨，2020. 祥云湾海洋牧场人工鱼礁区碳汇功能初步研究[D]. 保定：河北农业大学.
丁金强，孙利元，赵振营，等，2017. 山东省海洋牧场现状与发展思路[J]. 海洋开发与管理，34(S2)：29-33.
丁雨莲，2015. 碳中和视角下乡村旅游地净碳排放估算与碳补偿研究：皖南宏村与合肥大圩案例实证[D]. 南京：南京师范大学.
董汉飞，曾水泉，1985. 海南岛生态环境质量分析与综合评价[M]. 广州：中山大学出版社.
都晓岩，吴晓青，高猛，等，2015. 我国海洋牧场开发的相关问题探讨[J]. 河北渔业(2)：53-57.
杜元伟，孙浩然，王一凡，等，2021. 海洋牧场生态安全监管的演化博弈模型及仿真[J]. 生态学报，41(12)：4795-4805.
范振林，2021. 开发蓝色碳汇助力实现碳中和[J]. 中国国土资源经济，34(4)：12-18.
方精云，陈安平，赵淑清，等，2002. 中国森林生物量的估算：对 Fang 等 Science 一文(Science，2001，291:2320～2322)的若干说明[J]. 植物生态学报，26(2)：243-249.
封泽鹏，刘泽勤，2014. 对建筑楼宇碳排放量计算模型的探索[J]. 建筑热能通风空调，33(2)：27，73-75.
冯江，张妍，尚金城，2001. 项目环境影响评价与战略环境评价比较[J]. 云南环境科学(S1)：120-123.
冯振兴，2015. 互花米草生物量变化对盐沼沉积物有机碳含量的影响：以王港河口潮滩为例[D]. 南京：南京大学.
高倩，凌建忠，唐保军，等，2021. 海洋牧场营造设施对浮游动物群落的影响：以象山港为例[J]. 中国水产科学，28(4)：411-419.
公丕海，2014. 海洋牧场中海珍品的固碳作用及固碳量估算[D]. 上海：上海海洋大学.
何国民，曾嘉，梁小芸，2001. 人工鱼礁建设的三大效益分析[J]. 中国水产(5)：65-66.
贺平，2013. 大连区域发展报告（2012～2013）[M]. 北京：社会科学文献出版社.
贺强，安渊，崔保山，2010. 滨海盐沼及其植物群落的分布与多样性[J]. 生态环境学报，19(3)：657-664.
胡杰龙，辛琨，李真，等，2015. 海南东寨港红树林保护区碳储量及固碳功能价值评估[J]. 湿地科学，13(3)：338-343.

黄灿灿，2016. 基于社会分层视角的我国城镇居民旅游消费差异研究[D]. 兰州：西北师范大学.

黄文沣，1980. 漫谈栽培渔业[J]. 中国水产(1)：18，29-30.

黄月琼，吴小凤，韩维栋，等，2002. 无瓣海桑人工林林分生物量的研究[J]. 江西农业大学学报（自然科学），24(4)：533-536.

贾晓平，杜飞雁，林钦，等，2003. 海洋渔场生态环境质量状况综合评价方法探讨[J]. 中国水产科学(2)：160-164.

贾益民，2017. 21世纪海上丝绸之路研究报告[M]. 北京：社会科学文献出版社.

蒋增杰，方建光，王巍，等，2012. 乳山宫家岛以东牡蛎养殖水域秋季海–气界面CO_2交换通量研究[J]. 水产学报，36(10)：1592-1598.

金心，石广玉，1999. 海洋中碳及营养物自然分布的数值模拟[J]. 气候与环境研究(4)：375-387.

金心，石广玉，2000. 海洋对人为CO_2吸收的三维模式研究[J]. 气象学报(1)：40-48.

金心，石广玉，2001. 生物泵在海洋碳循环中的作用[J]. 大气科学(5)：683-688.

雷海清，2017. 基于温州碳汇造林项目的不同树种碳储量比较研究[J]. 林业科技通讯(3)：11-16.

黎夏，刘凯，王树功，2006a. 珠江口红树林湿地演变的遥感分析[J]. 地理学报(1)：26-34.

黎夏，叶嘉安，王树功，等，2006b. 红树林湿地植被生物量的雷达遥感估算[J]. 遥感学报(3)：387-396.

李波，2012. 关于中国海洋牧场建设的问题研究[D]. 青岛：中国海洋大学.

李纯厚，贾晓平，齐占会，等，2011. 大亚湾海洋牧场低碳渔业生产效果评价[J]. 农业环境科学学报，30(11)：2346-2352.

李大鹏，张硕，黄宏，2018. 海州湾海洋牧场的长期环境效应研究[J]. 中国环境科学，38(1)：303-310.

李河，2015. 山东省海洋牧场建设研究及展望[D]. 秦皇岛：燕山大学.

李继龙，王国伟，杨文波，等，2009. 国外渔业资源增殖放流状况及其对我国的启示[J]. 中国渔业经济，27(3)：111-123.

李娇，公丕海，关长涛，等，2016. 人工鱼礁材料添加物碳封存能力及其对褶牡蛎（*Ostrea plicatula*）固碳量的影响[J]. 渔业科学进展，37(6)：100-104.

李娇，关长涛，公丕海，等，2013. 人工鱼礁生态系统碳汇机理及潜能分析[J]. 渔业科学进展，34(1)：65-69.

李捷，刘译蔓，孙辉，等，2019. 中国海岸带蓝碳现状分析[J]. 环境科学与技术，42(10)：207-216.

李梦，2018. 广西海草床沉积物碳储量研究[D]. 南宁：广西师范学院.

李仁东，刘纪远，2001. 应用 LandsatETM 数据估算鄱阳湖湿生植被生物量[J]. 地理学报(5)：531-539.

李天元，2014. 旅游学概论[M]. 天津：南开大学出版社.

李晓萌，2017. 绿色低碳视角下皖南齐云山旅游养老目的地开发研究[J]. 经济研究导刊(15)：157-158，181.

李旭，秦耀辰，张丽君，等，2013. 住宿业碳排放研究进展[J]. 地理科学进展，32(3)：408-415.

李彦，2011. “十一五”渔业发展全面上新台阶：“十一五”渔业成就综述[J]. 中国水产(3)：11-19.

梁君，王伟定，虞宝存，等，2015. 东极海洋牧场厚壳贻贝筏式养殖区可移出碳汇能力评估[J]. 浙江海洋学院学报（自然科学版），34(1)：9-14.

林军，章守宇，2006. 人工鱼礁物理稳定性及其生态效应的研究进展[J]. 海洋渔业(3)：257-262.

刘慧，唐启升，2011. 国际海洋生物碳汇研究进展[J]. 中国水产科学，18(3)：695-702.

刘锴，卞扬，王一尧，等，2019. 海岛地区海洋碳汇量核算及碳排放影响因素研究：以辽宁省长海县为例[J]. 资源开发与市场，35(5)：632-637.

刘凯，黎夏，王树功，等，2005. 珠江口近 20 年红树林湿地的遥感动态监测[J]. 热带地理(2)：111-116.

刘同渝，2003. 国内外人工鱼礁建设状况[J]. 渔业现代化(2)：36-37.

刘伟峰，刘大海，管松，等，2021. 海洋牧场生态效益的内涵与提升路径[J]. 中国环境管理，13(2)：33-38，54.

刘啸，2009. 论低碳经济与低碳旅游[J]. 中国集体经济(13)：154-155.

刘卓，杨纪明，1995. 日本海洋牧场（Marine Ranching）研究现状及其进展[J]. 现代渔业信息(5)：14-18.

鲁丰先，张艳，秦耀辰，等，2013. 中国省级区域碳源汇空间格局研究[J]. 地理科学进展，32(12)：1751-1759.

陆忠康，1995. 我国海洋牧场（Marine Ranching）开发研究的现状、面临的问题及其对策[J]. 现代渔业信息(9)：6-9，12.

罗新颖，2015. 加强海洋生态文明建设的若干思考[J]. 发展研究(4)：77-80.

吕莜，钟兰，2014. 海洋是世界上最大最重要的生态系统[J]. 旅游纵览(5)：58-59.

马翔，2018.“一带一路”倡议下海岛经济发展模式及管理经验研究[J]. 生态经济，34(3)：103-106，111.

毛子龙，杨小毛，赵振业，等，2012. 深圳福田秋茄红树林生态系统碳循环的初步研究[J]. 生态环境学报，21(7)：1189-1199.

孟庆武，孙吉亭，2016. 推进海洋牧场建设，构筑蓝色粮仓生态屏障[C]//青岛市科学技术协会. 青岛市第十四届学术年会论文集. 青岛：青岛市科学技术协会：111-114.

穆通，2013. 森林碳汇研究综述[J]. 科技视界(29)：286，292.

倪捷，2009. 中国电动车与碳排放问题[J]. 电动自行车(9)：7-8.

聂鑫，陈茜，李福泉，等，2018. 国内外海洋蓝碳热点与前沿趋势研究：基于 CiteSpace 5.1 的可视化分析[J]. 生态经济，34(8)：38-42，63.

牛磊，2014. 基于遥感技术的森林碳汇估算模型的研究[D]. 泰安：山东农业大学.

潘澎，2016. 海洋牧场：承载中国渔业转型新希望[J]. 中国水产(1)：47-49.

邱广龙，林幸助，李宗善，等，2014. 海草生态系统的固碳机理及贡献[J]. 应用生态学报，25(6)：1825-1832.

阙华勇，陈勇，张秀梅，等，2016. 现代海洋牧场建设的现状与发展对策[J]. 中国工程科学，18(3)：79-84.

佘远安，2008. 韩国、日本海洋牧场发展情况及我国开展此项工作的必要性分析[J]. 中国水产(3)：22-24.

沈海花，朱言坤，赵霞，等，2016. 中国草地资源的现状分析[J]. 科学通报，61(2)：139-154.

沈金生，梁瑞芳，2018. 海洋牧场蓝色碳汇定价研究[J]. 资源科学，40(9)：1812-1821.

沈金生，吕金诺，刘荣建，2020. 我国海洋牧场蓝色碳汇补偿方案设计探讨[J]. 中国海洋大学学报（社会科学版）(3)：68-75.

石洪华，王晓丽，郑伟，等，2014. 海洋生态系统固碳能力估算方法研究进展[J]. 生态学报，34(1)：12-22.

石培华，冯凌，吴普，2010. 旅游业节能减排与低碳发展：政策技术体系与实践工作指南[M]. 北京：中国旅游出版社.

石培华，吴普，2011. 中国旅游业能源消耗与 CO_2 排放量的初步估算[J]. 地理学报，66(2)：235-243.

宋一兵，2012. 旅游业碳汇潜力研究初探[J]. 地域研究与开发，31(2)：135-140.

孙吉亭，赵玉杰，2011. 我国碳汇渔业发展模式研究[J]. 东岳论丛，32(8)：150-155.

唐承财，2012. 低碳旅游：生态文明在路上[N]. 中国社会科学报，12-10(A08).

唐承财，查建平，章杰宽，等，2021. 高质量发展下中国旅游业“双碳”目标：评估预测、主要挑战与实现路径[J]. 中国生态旅游，11(4)：471-497.
唐承财，钟林生，成升魁，2011. 我国低碳旅游的内涵及可持续发展策略研究[J]. 经济地理，31(5)：862-867.
唐承财，钟林生，成升魁，2012. 旅游业碳排放研究进展[J]. 地理科学进展，31(4)：451-460.
唐峰华，李磊，廖勇，等，2012. 象山港海洋牧场示范区渔业资源的时空分布[J]. 浙江大学学报（理学版），39(6)：696-702.
唐剑武，叶属峰，陈雪初，等，2018. 海岸带蓝碳的科学概念、研究方法以及在生态恢复中的应用[J]. 中国科学：地球科学，48(6)：661-670.
唐黎，2016. 福建漳州滨海火山国家地质公园旅游者碳足迹研究[J]. 中南林业科技大学学报，36(3)：134-140.
田晓轩，2015. 唐山曹妃甸海洋牧场综合效益评价研究[D]. 青岛：中国海洋大学.
童庆禧，郑兰芬，王晋年，等. 1997. 湿地植被成象光谱遥感研究[J]. 遥感学报(1)：50-57，82-83，85.
王德芬，王玉堂，杨子江，等，2012. 我国渔业多功能性的研究与思考（连载二）[J]. 中国水产(2)：6-10.
王凤武，2007. 优先发展城市公共交通 建设和谐城市交通体系[J]. 城市交通，5(6)：7-13.
王凤霞，张珊，2018. 海洋牧场概论[M]. 北京：科学出版社.
王国新，2004. 浅谈旅游生态学理论体系构架及其研究难点[C]//韩也良，陈清华. 生态 · 旅游 · 发展：第二届中国西部生态旅游发展论坛论文集，北京：中国科学技术出版社：91-97.
王宏，陈丕茂，章守宇，等，2009. 人工鱼礁对渔业资源增殖的影响[J]. 广东农业科学(8)：18-21.
王瑾，张玉钧，石玲，2014. 可持续生计目标下的生态旅游发展模式：以河北白洋淀湿地自然保护区王家寨社区为例[J]. 生态学报，34(9)：2388-2400.
王晋，2008. 我国自然类旅游景区营销策略研究[D]. 成都：西南财经大学.
王美红，孙根年，康国栋，2008. 中国工业发展的能源消耗、SO_2排放及行业类型分析[J]. 统计与决策(20)：91-94.
王秋娜，2021. 海南省近10年旅游业碳排放特征研究[J]. 江苏商论(8)：50-54，61.
王荣，1992. 海洋生物泵与全球变化[J]. 海洋科学(1)：18-21.
王树功，黎夏，周永章，2004. 湿地植被生物量测算方法研究进展[J]. 地理与地理信息科学(5)：104-109，113.
魏丽颖，汪澜，颜碧兰，2014. 国内外低碳水泥的研究新进展[J]. 水泥(12)：1-3.
吴普，岳帅，2013. 旅游业能源需求与二氧化碳排放研究进展[J]. 旅游学刊，28(7)：64-72.

吴钟解，陈石泉，蔡泽富，等，2021. 海南岛海草床分布变化及恢复建议[J]. 海洋环境科学，40(4)：542-549.

席婷婷，2017. 国内外旅游业发展现状和前景分析[J]. 市场论坛(10)：69-72.

肖建红，王敏，于庆东，等，2016. 海岛旅游绿色发展生态补偿标准研究：以浙江舟山普陀旅游金三角为例[J]. 长江流域资源与环境，25(8)：1247-1255.

肖建红，于庆东，刘康，等，2011. 舟山群岛旅游交通生态足迹评估[J]. 生态学报，31(3)：849-857.

肖潇，张捷，卢俊宇，等，2012. 旅游交通碳排放的空间结构与情景分析[J]. 生态学报，32(23)：7540-7548.

解宪丽，孙波，周慧珍，等，2004. 中国土壤有机碳密度和储量的估算与空间分布分析[J]. 土壤学报(1)：35-43.

邢庆会，2018. 黄河三角洲潮汐盐沼湿地净生态系统 CO_2 交换及影响机制[D]. 烟台：中国科学院大学（中国科学院烟台海岸带研究所）.

薛博，2007. 漳江口红树林湿地沉积物有机质来源追溯[D]. 厦门：厦门大学.

严格，2014. 崇明东滩湿地盐沼植被生物量及碳储量分布研究[D]. 上海：华东师范大学.

颜慧慧，王凤霞，2016. 中国海洋牧场研究文献综述[J]. 科技广场(6)：162-167.

颜慧慧，王凤霞，2017. 海南省海洋牧场发展建设初探[J]. 河北渔业(1)：56-60.

颜葵，2015. 海南东寨港红树林湿地碳储量及固碳价值评估[D]. 海口：海南师范大学.

闫学金，傅国华，2008a. 海南碳汇研究初探[J]. 热带林业，36(1)：4-6.

闫学金，傅国华，2008b. 海南森林碳汇量初步估算[J]. 热带林业，36(2)：4-6.

闫征，2012. 南召县土地利用碳源碳汇及其变化分析[D]. 开封：河南大学.

杨顶田，2007. 海草的卫星遥感研究进展[J]. 热带海洋学报(4)：82-86.

杨顶田，刘素敏，单秀娟，2013. 海草碳通量的卫星遥感检测研究进展[J]. 热带海洋学报，32(6)：108-114.

杨红生，2016. 我国海洋牧场建设回顾与展望[J]. 水产学报，40(7)：1133-1140.

杨红生，丁德文，2022. 海洋牧场 3.0：历程、现状与展望[J/OL].中国科学院院刊：1-8[2022-05-05].https://kns.cnki.net/kcms/detail/detail.aspx?dbcode=CAPJ&dbname=CAPJLAST&filename=KYYX20220429000&uniplatform=NZKPT&v=IZ5BF9lAEfxC5CcBPJuk7-PEkzIihB8eAO7uYtqBA6yfN-wIWyRTjZGoIl7XBt9B.

杨红生，2018. 海洋牧场监测与生物承载力评估[M]. 北京：科学出版社.

杨军辉，2014. 桂林低碳旅游城市构建条件与模式研究：基于旅游者视角[J]. 开发研究(3)：110-113.

杨同玉，李文鹏，管敬方，等，2005. 从青岛开发区看我国近海渔业资源现状及修复对策[J]. 中国渔业经济(6)：40，68.

杨宇峰，罗洪添，王庆，等，2021. 大型海藻规模栽培是增加海洋碳汇和解决近海环境问题的有效途径[J]. 中国科学院院刊，36(3)：259-269.

杨智伟，2020. 海岛低碳旅游发展模式探析：以海南志愿者旅游为例[J]. 作家天地(14)：183-184，186.

佚名，2018. 博采众长：国外海洋牧场建设经验借赏[J]. 中国农村科技(4)：56-57.

虞宝存，梁君，2012. 贝藻类碳汇功能及其在海洋牧场建设中的应用模式初探[J]. 福建水产，34(4)：339-343.

于贵瑞，孙晓敏，等，2006. 陆地生态系统通量观测的原理与方法[M]. 北京：高等教育出版社.

于沛民，张秀梅，2006. 日本美国人工鱼礁建设对我国的启示[J]. 渔业现代化(2)：6-7，20.

俞仙炯，余盛艳，2017. 海洋植物在海洋牧场建设中的作用[J]. 农村经济与科技，28(23)：80-82.

岳冬冬，王鲁民，2012. 基于直接碳汇核算的长三角地区海水贝类养殖发展分析[J]. 山东农业科学，44(8)：133-136.

泽农，2011. 中国水产科学研究院院长张显良解读“碳汇渔业”[J]. 农产品加工(6)：6-7.

曾银芳，2016. 海南国家森林公园低碳旅游发展研究[D]. 海口：海南师范大学.

张存勇，2006. 连云港近岸海域海洋工程对生态环境的影响及其研究[D]. 青岛：中国海洋大学.

张凤琴，丁雨莲，2018. 乡村旅游地能源消耗的二氧化碳排放估算及减排对策研究[J]. 安徽工业大学学报（社会科学版），35(1)：20-23.

张含，2018. 大气二氧化碳、全球变暖、海洋酸化与海洋碳循环相互作用的模拟研究[D]. 杭州：浙江大学.

张宏达，陈桂珠，刘治平，等，1998. 深圳福田红树林湿地生态系统研究[M]. 广州：广东科技出版社.

张红霞，苏勤，陶玉国，2017. 住宿业节能减碳研究进展及启示[J]. 地理科学进展，36(6)：774-783.

张怀慧，孙龙，2001. 利用人工鱼礁工程增殖海洋水产资源的研究[J]. 资源科学(5)：6-10.

张继红，方建光，唐启升，2005. 中国浅海贝藻养殖对海洋碳循环的贡献[J]. 地球科学进展(3)：359-365.

张立斌，杨红生，2012. 海洋生境修复和生物资源养护原理与技术研究进展及展望[J]. 生命科学，24(9)：1062-1069.

张明亮，2011. 栉孔扇贝生理活动对近海碳循环的影响[D]. 青岛：中国科学院海洋研究所.

张乃星，宋金明，贺志鹏，2006. 海水颗粒有机碳（POC）变化的生物地球化学机制[J]. 生态学报(7)：2328-2339.

张晓梅，2012. 我国海洋渔业低碳化发展及国际合作研究[D]. 青岛：中国海洋大学.

张笑郡，2016. 五台山景区旅游碳排放及碳吸收估算研究[D]. 太原：山西财经大学.

张震，2015. 基于海洋牧场建设的休闲渔业开发研究[D]. 青岛：中国海洋大学.

赵牧秋，陈凯伦，史云峰，2013. 三亚市红树林碳储量与固碳能力分析[J]. 琼州学院学报，20(5)：85-88.

赵蕾，2014. 保护海洋碳汇的法律制度研究[D]. 大连：大连海事大学.

郑琳琳，林喜庆，2010. 试论“低碳旅游”模式的构建：气候变化条件下旅游业的应对[J]. 襄樊职业技术学院学报，9(1)：40-43.

中国水产编辑部，2013. 2012 年全国渔业工作亮点回顾（二）[J]. 中国水产(2)：12-26.

仲启铖，王开运，周凯，等，2015. 潮间带湿地碳循环及其环境控制机制研究进展[J]. 生态环境学报，24(1)：174-182.

周霄，单初，刘军，2018. 引入社会身份影响的旅游者碳消费效用评价扩展模型分析[J]. 生态经济，34(5)：50-53，59.

朱孔文，孙满昌，张硕，等，2011. 海州湾海洋牧场：人工鱼礁建设[M]. 北京：中国农业出版社.

宗述，2001. 《京都议定书》：风起云涌[J]. 决策与信息(6)：7-9.

左冰，2010. 谁是旅游产品的生产者？——基于新消费者行为理论的思考与实证研究[J]. 北京第二外国语学院学报，32(3)：12-19.

Becken S，Simmons D G，Frampton C，2003. Energy use associated with different travel choices[J]. Tourism Management，24(3)：267-277.

Bouillon S，Borges A V，Castañeda-Moya E，et al.，2008. Mangrove production and carbon sinks：a revision of global budget estimates[J]. Global Biogeochemical Cycles，22(2).

Bouillon S，Moens T，Overmeer I，et al.，2004. Resource utilization patterns of epifauna from mangrove forests with contrasting inputs of local versus imported organic matter[J]. Marine Ecology Progress Series，278：77-88.

Dickson A G，Millero F J，1987. A comparison of the equilibrium constants for the dissociation of carbonic acid in seawater media[J]. Deep Sea Research Part A. Oceanographic Research Papers，34(10)：1733-1743.

Dickson A G，Riley J P，1979. The estimation of acid dissociation constants in seawater media from potentionmetric titrations with strong base. I. The ionic product of water—Kw[J]. Marine Chemistry，7(2)：89-99.

Dierssen H M，Zimmerman R C，Drake L A，et al.，2010. Benthic ecology from space：optics and net primary production in seagrass and benthic algae across the Great Bahama Bank[J]. Marine Ecology Progress Series，411：1-15.

Duarte C M，Middelburg J J，Caraco N，2005. Major role of marine vegetation on the oceanic carbon cycle[J]. Biogeosciences，2(1)：1-8.

Duke N C，Meynecke J-O，Dittmann S，et al.，2007. A world without mangroves?[J]. Science，317(5834)：41-42.

Falkowski P，Scholes R J，Boyle E，et al.，2000. The global carbon cycle：a test of our knowledge of earth as a system[J]. Science，290(5490)：291-296.

Fang J，Guo Z，Piao S，et al.，2007. Terrestrial vegetation carbon sinks in China，1981-2000[J]. Science in China Series D：Earth Sciences，50(9)：1341-1350.

Fasham M J R，Balino B M，Bowles M C，et al.，2001. A new vision of ocean biogeochemistry after a decade of the Joint Global Ocean Flux Study (JGOFS)[J]. AMBIO-A Journal of the Human Environment，(Spec No 10)：4-31.

Gan G，1995. Evaluation of room air distribution systems using computational fluid dynamics[J]. Energy and Buildings，23(2)：83-93.

Gössling S，2002. Global environmental consequences of tourism[J]. Global Environmental Change，12(4)：283-302.

Heiss W M，Smith A M，Probert P K，2000. Influence of the small intertidal seagrass Zostera novazelandica on linear water flow and sediment texture[J]. New Zealand Journal of Marine and Freshwater Research，34(4)：689-694.

IPCC，2007. Climate Change 2007. Synthesis Report. Contribution of Working Groups Ⅰ，Ⅱ and Ⅲ to the Fourth Assessment Report of the Intergovernmental Panel on Climate Change[R]. Geneva：IPCC.

Kennedy H，Beggins J，Duarte C M，et al.，2010. Seagrass sediments as a global carbon sink：isotopic constraints[J]. Global Biogeochemical Cycles，24(4).

Koch E W，Gust G，1999. Water flow in tide-and wave-dominated beds of the seagrass Thalassia testudinum[J]. Marine Ecology Progress Series，184：63-72.

Martin J H，Knauer G A，Karl D M，et al.，1987. VERTEX：carbon cycling in the northeast

Pacific[J]. Deep Sea Research Part A. Oceanographic Research Papers，34(2)：267-285.

Mateo M A，Romero J，1997. Detritus dynamics in the seagrass Posidonia oceanica：elements for an ecosystem carbon and nutrient budget[J]. Marine Ecology Progress Series，151(1/3)：43-53.

Piao S，Fang J，Zhou L，et al.，2007. Changes in biomass carbon stocks in China's grasslands between 1982 and 1999[J]. Global Biogeochemical Cycles，21(2).

Riebesell U，Zondervan I，Rost B，et al.，2000. Reduced calcification of marine plankton in response to increased atmospheric CO_2[J]. Nature：International Weekly Journal of Science，407(6802)：364-367.

Robertson J E，Robinson C，Turner D R，et al.，1994. The impact of a coccolithophore bloom on oceanic carbon uptake in the northeast Atlantic during summer 1991[J]. Deep Sea Research Part I：Oceanographic Research Papers，41(2)：297-314.

Saintilan N，1997. Above-and below-ground biomasses of two species of mangrove on the Hawkesbury River estuary，New South Wales[J]. Marine and Freshwater Research，48(2)：147-152.

Sani D A，Hashim M，2019. Satellite-based mapping of above-ground blue carbon storage in seagrass habitat within the shallow coastal water[J]. ISPRS-The International Archives of the Photogrammetry，Remote Sensing and Spatial Information Sciences，XLII-4-W16：587-593.

Scott D，Amelung B，Becken S，et al.，2007. Climate Change and Tourism：Responding to Global Challenges[J]. Climate Change and Tourism Responding to Global Challenges，12(4)：168-181.

Srebric J，Vukovic V，He G，et al.，2008. CFD boundary conditions for contaminant dispersion，heat transfer and airflow simulations around human occupants in indoor environments[J]. Building and Environment，43(3)：294-303.

Veldkamp E，1994. Organic carbon turnover in three tropical soils under pasture after deforestation[J]. Soil Science Society of America Journal，58(1)：175-180.

Wanninkhof R，McGillis W R，1999. A cubic relationship between air-sea CO_2 exchange and wind speed[J]. Geophysical Research Letters，26(13)：1889-1892.

Weiss R F，1970. The solubility of nitrogen，oxygen and argon in water and seawater[J]. Deep Sea Research and Oceanographic Abstracts，17(4)：721-735.

Wilson R W，Millero F J，Taylor J R，et al.，2009. Contribution of fish to the marine inorganic carbon cycle[J]. Science，323(5912)：359-362.

Yan Y，Zhao B，Chen J，et al.，2008. Closing the carbon budget of estuarine wetlands with tower-based measurements and MODIS time series[J]. Global Change Biology，14(10)：

1690-1702.

Yang Y，Fang J，Ma W，et al.，2010. Large-scale pattern of biomass partitioning across China's grasslands[J]. Global Ecology and Biogeography，19(2)：268-277.

Yuan X，Chen Q，Glicksman L R，et al.，1999. Measurements and computations of room airflow with displacement ventilation[J]. ASHRAE Transactions，105(1)：1387.

Zhang T，Lee K，Chen Q，2009. A simplified approach to describe complex diffusers in displacement ventilation for CFD simulations[J]. Indoor Air，19：255-267.

Zhang Z，Chen X，Mazumdar S，et al.，2009. Experimental and numerical investigation of airflow and contaminant transport in an airliner cabin mockup[J]. Building and Environment，44(1)：85-94.